石油石化企业员工
碳达峰碳中和
知识读物

王志刚　孙仁金　方　红⊙主编

石油工業出版社

图书在版编目（CIP）数据

石油石化企业员工碳达峰碳中和知识读物 /王志刚，孙仁金，方红主编. —北京：石油工业出版社，2023. 3

ISBN 978-7-5183-5927-1

Ⅰ. ①石… Ⅱ. ①王… ②孙… ③方… Ⅲ. ①二氧化碳-节能减排-基本知识 Ⅳ. ①X511

中国国家版本馆 CIP 数据核字（2023）第 037366 号

石油石化企业员工碳达峰碳中和知识读物

王志刚　孙仁金　方　红　主编

出版发行：石油工业出版社

（北京市朝阳区安华里二区 1 号楼 100011）

网　　址：www.petropub.com

编 辑 部：（010）64523609　图书营销中心：（010）64523633

经　　销：全国新华书店

印　　刷：北京中石油彩色印刷有限责任公司

2023 年 3 月第 1 版　2023 年 3 月第 1 次印刷

710 毫米 ×1000 毫米　开本：1/16　印张：13

字数：190 千字

定　价：45.00 元

（如发现印装质量问题，我社图书营销中心负责调换）

#《石油石化企业员工碳达峰碳中和知识读物》

编 委 会

前言

2020年9月22日，国家主席习近平在第七十五届联合国大会一般性辩论上郑重宣布："中国将提高国家自主贡献力度，采取更加有力的政策和措施，二氧化碳排放力争于2030年前达到峰值，努力争取2060年前实现碳中和。"这既是中国对世界各国的庄严承诺，彰显中国始终坚持以世界眼光、全球视野构建人类命运共同体的大国担当，也是我国在"十四五"期间坚定不移贯彻新发展理念，构建新发展格局，实现高质量发展的必由之路。党的二十大报告提出："积极稳妥推进碳达峰碳中和……立足我国能源资源禀赋，坚持先立后破，有计划分步骤实施碳达峰行动……深入推进能源革命，加强煤炭清洁高效利用……加快规划建设新型能源体系……积极参与应对气候变化全球治理。"国家对碳达峰碳中和的高度重视再次得到充分体现，显示出我国在"双碳"目标的实现上更加坚定，更加自信。

作为传统化石能源，石油和天然气一向是碳排放"大户"。国际能源署发布的《全球能源回顾：2021年二氧化碳排放》报告显示，2021年全球与能源相关的二氧化碳排放量同比增长6%，达到363亿吨，创历史新高，主要源于化石能源的使用，石油和天然气的二氧化碳排放量达到182亿吨，占比50%。中国二氧化碳排放量超过119亿吨，占全球总量的33%。油气行业全价值链从开采、运输、储存到终端应用都会产生大量碳排放，根据麦肯锡公司发布的《"中国加速迈向碳中和"油气篇：油气行业碳减排路径》报告显示，中国油气行业产业链的碳减排措施将贡献约15%的减排。中国要实现碳中和目标，油气行业势必成为碳减排主体。

《石油石化企业员工碳达峰碳中和知识读物》（以下简称《双碳读物》）是由中国石油企业协会和中国石油大学（北京）共同完成的一本科普类知识手册。《双碳读物》立足全球绿色低碳转型背景，借鉴世界主要发达国家推进碳达峰碳中和工作的举措与经验，全面阐述石油石化产业链相关业务主要碳源及碳减排潜力，为石油石化员工提供较为系统全面的理论知识介绍。

本读物共分为六篇，第一篇是碳达峰碳中和：让地球变得更加绿色；第二篇是国际碳达峰碳中和：引领全球绿色低碳革命；第三篇是中国碳达峰碳中和：重塑未来经济格局；第四篇是石油石化碳达峰碳中和：助推绿色循环发展；第五篇是碳达峰碳中和脱碳路径：迈向零碳世界；第六篇是生活碳达峰碳中和：倡导绿色理念与生活。孙仁金、方红、薛淑莲统领本读物的框架设计，并负责组织全书编写，于楠负责稿件收集和统稿工作。

本读物在编写过程中，得到了石油工业出版社的鼎力支持与帮助，在此表示衷心感谢。此外，本读物所引用资料未能在书中全部注明，在此向所引用资料作者表示感谢。值此付梓之际，谨向所有关心支持本读物编写的朋友们致以诚挚谢意！受本读物主要作者专业知识范围所限，读物中不妥之处在所难免，恳请读者见谅和指正。

编者

2022年12月

目　录

第一篇　碳达峰碳中和：让地球变得更加绿色

第二篇 国际碳达峰碳中和：引领全球绿色低碳革命

第三篇 中国碳达峰碳中和：重塑未来经济格局

第四篇　石油石化碳达峰碳中和：助推绿色循环发展

第五篇 碳达峰碳中和脱碳路径：迈向零碳世界

第六篇　生活碳达峰碳中和：倡导绿色理念与生活

碳达峰碳中和：让地球变得更加绿色

为了更好地解读碳达峰碳中和，就要明确“双碳”在全球气候治理中的战略意义，了解全球变暖的科学基础，走出误区，认识到气候变化不是一个短期事件，而是一个长期的自然演进过程，聚焦全球主要气候变化大会的会议精神及气候治理政策。本篇通过碳达峰碳中和、碳循环、温室效应、气候治理四个章节，诠释“双碳”的缘起、由来和意义，解析自然界中的碳循环，探讨气候变化引起的温室效应，回溯全球气候治理的变迁，探索全球应对气候变化的路径。

第 1 章 碳达峰碳中和

全球能源转型的“定海神针”

01 碳达峰碳中和定义

碳达峰是指在某一个时点，二氧化碳排放量不再增长，达到历史最高值，然后经过平台期进入持续下降的过程，也是二氧化碳排放量由升转降的历史拐点，如图 1–1 所示。

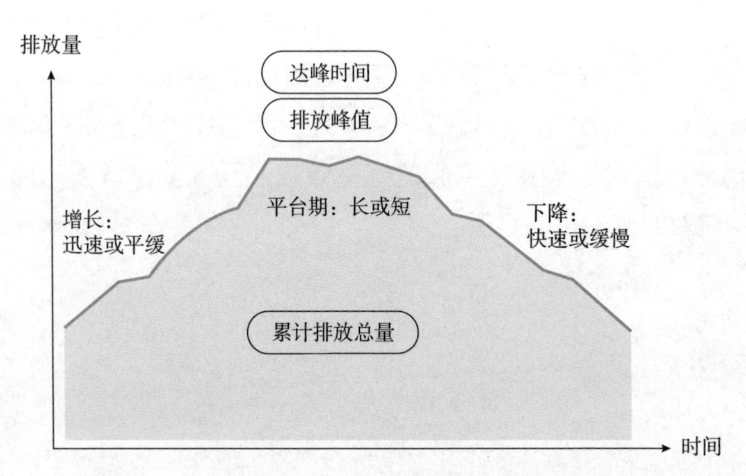

图 1–1 碳达峰过程示意图

资料来源：《中国机关后勤》邢丽峰

碳中和指的是人类活动排放的二氧化碳与人类活动产生的二氧化碳吸收量在一定时期内达到平衡。

“双碳”是碳达峰与碳中和的简称。“双碳”目标倡导绿色、环保、低碳生活方式，加快降低碳排放步伐，有利于引导绿色技术创新，提高产业和经济的全球竞争力。

02 气候中和

气候中和指的是人类活动排放的温室气体与人类活动产生的温室气体吸收量在一定时期内达到平衡。温室气体是指大气中能吸收地面反射的长波辐射，并重新发射辐射的气体。如图 1-2 所示，常见的温室气体有六种：二氧化碳（CO_2）、甲烷（CH_4）、氧化亚氮（N_2O）、氢氟碳化合物（HFCs）、全氟碳化合物（PFCs）、六氟化硫（SF_6），它们的作用是使地球表面变得更加温暖。

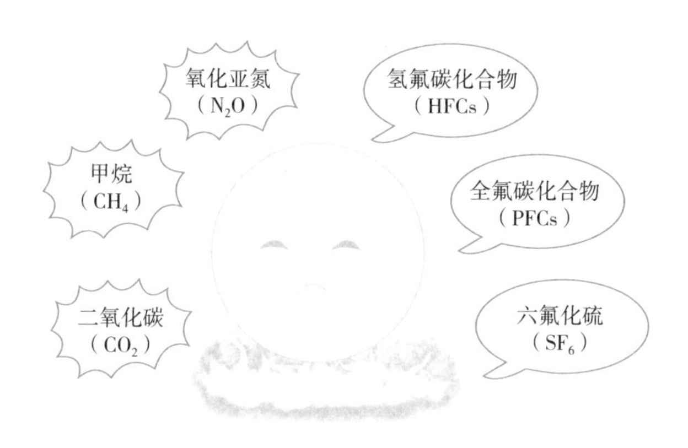

图 1-2　常见的温室气体

资料来源：https://view.inews.qq.com/a/20220422A01FFA00

2018 年 11 月，欧洲联盟委员会首次提出到 2050 年实现气候中和的愿景，与《巴黎协定》提出的力争将全球温度升幅控制在 1.5℃以下的目标一致。2019 年 3 月，欧洲议会批准了实现温室气体零排放的目标。2019 年 12 月，欧洲理事会批准了到 2050 年实现气候中和的目标。2020 年 3 月，欧洲联盟委员会向欧洲议会及理事会提交了《欧洲气候法》提案，令 2050 年实现气候中和目标的规定具有法律约束力。

03 碳达峰碳中和起源

从 1850 年开始，全球气候快速变化，气温急剧上升。2020 年，全球平均温度较工业化前水平（1850—1900 年平均值）高出 1.2℃，是有完整气象观测记录以来的三个最暖年份之一；2011—2020 年，是 1850 年以来最暖的十年，如图 1–3 所示。地球平均温度的升高为人类及生态系统带来了诸多灾难，对人类生存造成了严重威胁，温室气体尤其是二氧化碳的排放量大幅增加是全球升温的主要原因，因此降低碳排放是减缓气候变化的重要途径。

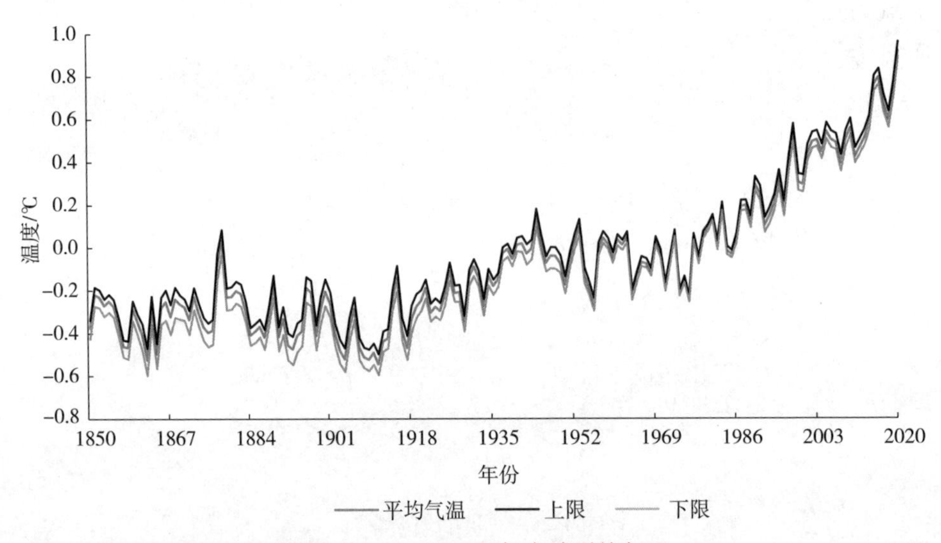

图 1–3　1850—2020 年全球平均气温

资料来源：英国气象局哈德利中心

注：数据指全球平均陆海温度相对于 1961—1990 年平均温度的变化；绿线表示年平均气温随时间变化的趋势，上、下置信区间用黑色和灰色表示

碳排放是全球共同面临的问题，碳减排需要全球所有国家的共同协调。从 20 世纪 90 年代开始，已经有多轮全球气候变化的国际协调。2015 年《巴黎协定》提出将全球气温升幅控制在 1.5℃ ~ 2℃，降低气候变化带来的风险和影响。2016 年全球 178 个国家共同签署《巴黎协定》后，制定

了 21 世纪中叶长期温室气体低排放发展战略，推动全球尽早实现深度碳减排来缓解气候变化带来的负面影响。2018 年 10 月，全球气候治理政府间气候变化专门委员会（IPCC）在报告中指出，世界必须将全球变暖幅度控制在 1.5℃以内来避免极端危害发生，这一目标的实现要求所有国家在 21 世纪中叶都要实现温室气体净零排放。

2020 年 9 月 16 日，欧洲联盟委员会宣布 2030 年欧盟的温室气体排放量将比 1990 年至少减少 55%，到 2050 年，欧洲将成为世界第一个碳中和的大陆。2020 年 9 月 22 日，中国在第七十五届联合国大会上提出：中国将力争 2030 年前实现碳达峰，2060 年前实现碳中和。随后，日本、英国、加拿大、韩国等发达国家相继提出到 2050 年前实现碳中和目标的政治承诺，越来越多的国家已经将碳中和转化为国家发展战略。

04　碳达峰碳中和的战略意义

实现碳达峰碳中和是一场广泛而深刻的经济社会系统性绿色革命，涉及理念转型、经济转型、产业转型、生活方式转型等诸多方面，本质是推动经济社会全面高质量、可持续发展，对全球应对气候变化具有重大战略意义。减少碳排放符合经济社会高质量发展的利益，但是碳排放涉及每个国家的发展权问题，从 1992 年《联合国气候变化公约》（以下简称《公约》）发布以来，全球气候变化治理的谈判工作就一直处于博弈之中。从《公约》明确要控制二氧化碳浓度开始，全球气候变化治理谈判主要围绕减排目标、减排时间表及减排义务如何划分等细则展开，达成了一系列里程碑式的协议。2015 年，《巴黎协定》确定了 2020 年以后的国际气候制度，之后的历届全球气候变化大会主要讨论如何细化和落实碳减排以实现碳达峰碳中和。

碳达峰碳中和有科学、经济、政治三重内涵，科学内涵就是地球人已达成的共识，即气候变暖确定性强，减排控温刻不容缓；经济内涵就是工业化步入后期，发展与“碳”逐渐脱钩；政治内涵就是抓生态文明建设，做负责任大国。

05 碳达峰碳中和引领全球能源革命

远古时期，人类在劳动中学会钻木取火。火被广泛应用于取暖、制造工具等多个方面，极大提升了人类的生存条件，这是第一次能源革命。18世纪第二次能源革命爆发，蒸汽机的发明掀起工业革命的大潮，煤炭时代随之到来，煤炭以其高热值、分布广的优点成为全球第一大能源，带动钢铁、铁路、军事等工业领域快速发展，极大促进了世界工业化进程。1854年，美国宾夕法尼亚州打出世界上第一口油井，石油工业由此发端。19世纪末，人们发明了以汽油和柴油为燃料的内燃机，福特成功研制第一辆汽车。此后，汽车、飞机、柴油机轮船、内燃机车、石油发电将人类飞速推进到现代文明时代，世界随之进入“石油时代”，迎来了第三次能源革命，如图 1–4 所示。

图 1–4　能源革命发展历程示意图

资料来源：中易航能源

在碳达峰碳中和背景下，非化石能源技术发展的进步，正在推动人类由工业文明走向生态文明，引发新一轮能源革命。当前社会经济发展正在促进可再生能源快速增长，生产、储能等成本显著下降。根据国际可再生

能源署发布的《2021 年可再生能源发电成本》报告显示，2021 年全球太阳能光伏发电的度电成本同比下降 13%，陆上风电、海上风电降幅分别达到 15%、13%。可再生能源从以前的“微不足道”变得“举足轻重”，也必将从“补充能源”逐步发展为“主流能源”。

碳达峰碳中和目标将推动新能源革命和能源结构多元化进程，以光伏为代表的非化石能源将逐渐占据主体地位，电能和氢能的地位将显著提升，煤炭和石油等化石能源消费将明显下降。碳减排是实现碳达峰碳中和目标的基础路径，碳捕获、利用与封存、碳汇等手段起辅助性作用。理论上碳减排的途径主要有三种：一是调整经济结构，降低能源消耗强度大的制造业的比重，提高能源强度较小的服务业和轻工业的比重；二是调整能源结构，降低碳含量高的煤炭、石油等化石能源消费比重，提高零碳的可再生能源以及低碳的天然气等清洁能源消费比重；三是通过科技手段，全面推进电力、工业、建筑、交通等重点领域节能，提高能源利用效率，减少能源生产、运输和消费环节的浪费。

第 2 章　碳循环

贯穿大气—海洋—陆地的神秘元素

01　碳元素的发现

世间万物，生而为碳。碳，一种非金属元素，位于元素周期表的第二周期第四主族，它以多种形式广泛存在于大气、地壳和生物之中，是大自然的“建筑师”。在当前碳达峰碳中和的背景下，碳逐渐成为人类社会的新焦点。

碳在史前就已被发现，炭黑和煤是人类最早使用碳的形式。钻石大约在公元前 2500 年被中国熟知。1722 年，法国物理学家证明铁通过吸收一些物质能变成钢，这种物质就是熟知的碳。同年，法国化学家拉瓦锡证明钻石是碳的一种存在形式。1779 年，瑞典化学家证明一度被认为以铅为存在形式的石墨实质上是混杂了少量铁的碳的混合物，并且给出石墨用硝酸氧化时产物的名字，即二氧化碳。1786 年，法国化学家利用拉瓦锡处理钻石的方法将石墨氧化，证明石墨几乎全部由碳组成。1789 年，拉瓦锡在教科书中将碳列到元素周期表中。

02　无机世界的无机碳循环

约 44 亿年前，由雨水汇成的海洋诞生，二氧化碳溶入雨水，变成一种弱酸来到地表，酸性雨水可以侵蚀地表岩石，并将剥落的矿物质带入海洋，

生成碳酸盐岩沉没海底。长年累月，大气中的二氧化碳被搬运到海洋和岩石圈中，成为碳在地球上最主要的储存库，这些储存库被称为海洋碳库和岩石圈碳库。

地球板块运动的出现为碳的循环提供了通道，在地表大幅降温后，大洋板块与陆地板块的碰撞使碳酸盐岩与其他岩石一同熔化成岩浆，生成的二氧化碳从火山喷出地表。重返大气的二氧化碳并不会无限增多，溶入雨水、变为弱酸侵蚀岩石、流入海洋后，大气中的二氧化碳含量会缓慢降低，以维系大气、海洋、岩石圈中的碳平衡。至此，大气既向海洋输送了碳，又从岩石圈中获得了补充，大气、海洋、岩石圈中的碳形成一个闭环，这就是地球上的无机碳循环（图 2-1）。

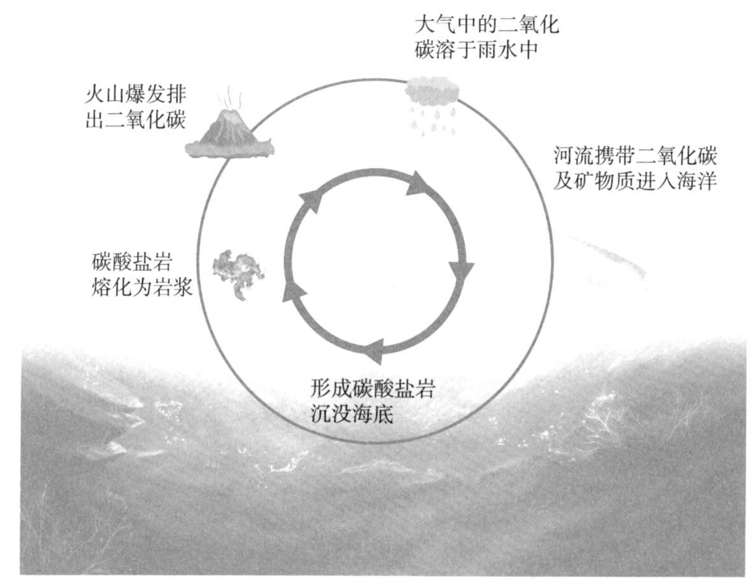

图 2-1　无机碳循环示意图

资料来源：https://www.bilibili.com/read/cv14417836

03 碳基生命的有机碳循环

约 38 亿年前，以碳元素为核心的碳基生命诞生。生命诞生之初，地球几乎没有氧气，早期的生命仅深居于海洋。约 27 亿年前出现的蓝细菌进行光合作用，利用太阳光将二氧化碳和水变为自身所需的营养，并释放氧气，随着它们大量繁殖，海水和大气中的氧气含量逐渐提升，大量二氧化碳从大气转移到碳基生命中。无机碳循环无法立刻填补从大气中逃脱的二氧化碳，温室效应因此减弱，全球开始变冷，直至冰封。约在 24 亿年前，地球变成一个“雪球”。长达 3 亿年的时间，全球的光合作用几乎停止，在无机碳循环的调节下，大气中二氧化碳的浓度回升，地表温度回到正轨，生命不断演化，直至植物、动物相继出现，从海洋登上陆地、飞向天空，生物圈构建起一种新的碳循环模式。

植物用外部环境中的二氧化碳生产出生命所需的有机碳，约 4 亿年前出现的森林存储着生物圈中 90% 以上的有机碳，形成森林碳库。动物通过捕食植物或其他动物，来获得光合作用产生的有机碳，碳就这样从外部环境进入生物圈并在生物圈中流动起来。当动植物死后，微生物将动植物尸体中的有机碳降解生成二氧化碳排出，碳又从生物圈回到外部环境。此外，生命适应氧气环境，能够利用氧气进行呼吸释放出二氧化碳，成为碳从生物圈回到外部环境的又一途径。至此，生命中的碳也成功闭环，这就是地球上的短期有机碳循环（图 2–2）。

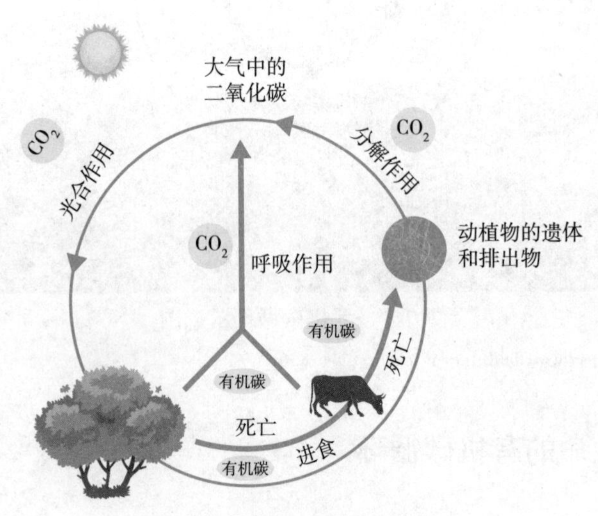

图 2–2　有机碳循环示意图

资料来源：https://www.bilibili.com/read/cv14417836

04　碳基文明的人类碳排放

约 100 万年前，人类掌握生火本领，火成为人类的工具和武器，人类因此成为地球碳循环的新要素，火的使用将生物中的有机碳转变为二氧化碳并排入大气。约 1 万年前农业诞生，人类对地球碳循环的切实影响自此开始。随着人口增加、居民点扩大，人类对农业的需求与日俱增，额外排放出的二氧化碳留存在大气中，大气中的二氧化碳浓度因人类活动而上升。18 世纪工业革命降临，大量煤炭、石油被开采并投入使用，本应在岩石圈中存留数千万年的碳迅速地被使用，人类加速了地层深处有机碳进入大气的过程，一个前所未有的碳排放模式由此出现。

与无机、有机碳循环类似，一个“健康”的碳循环模式，需要一个有进有出的闭环，面对大量被提前释放的二氧化碳，自然界开始了闭环的尝试。森林碳库和海洋碳库进行储碳，但森林面积自农业出现持续减少，森林储碳效率逐渐下降。海洋在过量吸收二氧化碳后发生酸化，储碳效率下降。由于难以追赶人类碳排放的速度，自然界储碳能力失效。自工业革命以来人类所排放的二氧化碳约 30% 进入森林，30% 进入海洋，而 40% 留在了大气。大气中二氧化碳浓度从工业革命前的 280ppm 上升至如今的 415ppm。地球碳循环发生颠覆性的改变，一系列环境与气候问题接踵而至。

05　气候革命重塑碳循环

1992 年 6 月，各国政府首脑齐聚巴西里约热内卢参加联合国的地球高峰会议，150 多个国家在会议期间签署的《联合国气候变化框架公约》成为全球应对气候变化的第一条国际公约。人类共同部署着应对气候变化的战略，将气候革命推向最前线，即控制二氧化碳排放。农业生产、基础建设、民众生活需要使用大量能源。世界范围内化石能源仍占主导地位，减少碳排放意味着要减少能源使用，全球现代化进程将受到阻碍，寻找化石能源替代品是关键突破口。在气候变化的背景下，风能、水能、太阳能等清洁能源成为世界的新潮流，但仅靠调整能源结构来减少二氧化碳排放不足以减缓全球快速变暖的趋势。

气候革命新高潮已出现，将为人类活动影响下的碳循环模式寻找一个闭环方式。通过植树造林制造更多的森林碳库，可以为大气中“过量”的二氧化碳寻找新家。但森林的储碳能力存在上限，必须在技术领域实现突破。工业活动中产生的二氧化碳被收集起来，经运输后或被注入废弃油气田，或被注入深部含盐水层，甚至被注入几千米深的海底，让源自岩石圈的碳，重新回到岩石圈，这便是碳的捕集与封存技术。这种技术能够在人类活动产生二氧化碳总量不变的情况下，使净排放量降低，将一定时间内产生的二氧化碳都从大气中去除，让它们存于森林、流入海洋、回归地层，实现碳中和目标。

第 3 章　温室效应

地球升温全球变暖的主因

01　全球气候变化

全球气候变化是指在全球范围内，气候平均状态在统计学层面上的巨大改变或者持续较长一段时间（典型的为 30 年或更长）的气候变动。气候变化的原因可能是自然的内部进程，或是外部强迫，或者是人为地持续对大气组成成分和土地利用的改变。

在地质历史上，地球气候发生过显著的变化。一万年前，最后一次冰河期结束，地球气候相对稳定在当前人类习惯的状态。地球温度是由太阳辐射照到地球表面的速率和吸热后的地球将红外辐射散发到空间的速率决定的。从长期来看，地球从太阳吸收的能量必须同地球及大气层向外散发的辐射能相平衡。大气中的水蒸气、二氧化碳和其他微量气体，可以使太阳的短波辐射几乎无衰减地通过，同时可以吸收地球的长波辐射。这类气体有类似温室的效应，被称为“温室气体”。温室气体吸收长波辐射并再反射回地球，从而减少向外层空间的能量净排放，大气层和地球表面变得热起来，这就是“温室效应”。大气中能产生温室效应的气体已经发现近 30 种，其中二氧化碳起重要作用，甲烷、氟利昂和氧化亚氮也起相对重要的作用。从长期气候数据比较来看，气温和二氧化碳之间存在显著的相关关系。国际社会所讨论的气候变化问题，主要是指温室气体增加产生的气候变暖问题。

02 温室气体排放

温室气体排放是指二氧化碳、甲烷、氧化亚氮、氢氟碳化物、全氟碳化物、六氟化硫等气体的排放，其中二氧化碳、甲烷、氧化亚氮是自然界中本来就存在的成分，而氢氟碳化物、全氟碳化物、六氟化硫却是人类活动的产物。温室气体一旦超出大气标准，便会造成温室效应，使全球气温上升，威胁人类生存。因此，控制温室气体排放已成为全人类面临的一个重要问题。在各种温室气体中，二氧化碳在大气中的占比最多，故二氧化碳排放量是最常见的温室气体排放衡量标准。二氧化碳占大气总体积的0.03% ~ 0.04%，在自然界中含量较高，植物通过光合作用将空气中的二氧化碳变为有机物，通过食物链及食物网逐级传递，动物和植物通过呼吸作用将有机物中的碳转化为二氧化碳并释放，与能量传递结合。工业革命以后，森林遭到大规模破坏，使得吸收二氧化碳的植物逐年减少，二氧化碳消耗量降低。加之工业不断发展，煤炭、石油和天然气等化石燃料消耗加剧，使得大气中二氧化碳浓度不断增加，直接对人类生存环境及气候产生影响，导致全球暖化速度加快、全球平均温度升高、海平面升高、极端气候加剧等问题。

03 温室效应的后果

温室效应的加剧会导致全球变暖，造成的后果主要有以下几方面：一是冰川消退，海平面上升。气候变暖、气温升高，使极地及高山冰川融化、海水受热膨胀，从而使海平面上升，直接导致低地被淹、海岸侵蚀加重、排洪不畅、土地盐渍化和海水倒灌等问题发生。二是气候带北移，引发生态问题。据估计，若气温升高 1℃，北半球的气候带将平均北移约 100 千米；若气温升高 3.5℃，则会向北移动 5 个纬度左右。如果物种迁移和适应速度落后于环境变化速度，该物种可能濒临灭绝。据世界自然保护基金会的报告，若全球变暖趋势不能被有效遏制，到 2100 年，全世界将

有 1/3 的动物栖息地发生根本性变化，大量物种会因不能适应新的生存环境而灭绝。气候变暖很可能造成某些地区虫害与病菌传播范围扩大，昆虫群体密度增加。温度升高会使热带虫害和病菌向较高纬度蔓延，使中纬度面临热带病虫害的威胁。同时，气温升高可能使这些病虫的分布区扩大、生长季节加长，并使多世代害虫繁殖代数增加，一年中危害时间延长，从而加重农林灾害。三是加重区域灾害，全球变暖会加快海洋和地表水的蒸发速度，从而改变降水量和降水频率在时间和空间上的分布。一方面，全球变暖使世界上缺水地区降水量和地表径流减少，加重这些地区的旱灾，也加快了土地荒漠化的速度；另一方面，气候变暖又使雨量较大的热带地区降水量进一步增大，从而加剧洪涝灾害的发生。此外，全球变暖还会使局部地区在短时间内发生剧烈的天气变化，导致气候异常，造成高温、热浪、热带风暴、龙卷风等自然灾害加重。四是危害人类健康，温室效应导致极热天气出现的频率增加，使心血管和呼吸系统疾病的发病率上升，同时还会加速流行性疾病的传播和扩散，从而直接威胁人类健康。

04　极端天气引发灾难

极端天气是指对生命、财产和社会可能造成巨大危害和损失的异常天气现象或天气事件。常见的极端天气有台风、暴雨、热浪、寒潮、龙卷风、冰雹、闪电、雪暴、干旱、洪涝、大雾等，从发生概率来讲，相对于可大量观测到的天气而言，极端天气事件的发生概率一般不超过 5%。全球平均气温上升导致极端天气多发，夏天更热，冬天更冷。与此同时全球大气运行现象也出现变化，比如台风的发生频率、强度和移动路径均发生改变，给人类生产生活造成巨大影响。自 1950 年以来，全球的极端天气出现频率一直在增加，特别是近 10 年来严寒冰冻天气的发生概率呈明显上升趋势。2008 年以来，冬季强冷空气活动频繁，暴雪、冰冻等灾害性天气几乎每年都在世界各地发生。2008 年 1 月，中国南方发生罕见的冰冻灾害性天气，此后每年冬季都有严寒暴雪天气发生；美国中东部地区也频繁出现暴雪天气。2018 年，整个北半球“高烧”不退，极端高温事件增加，中国也经历了炎热夏天，中央气象台首次连续33天发布高温预警，汛期极端降水事件增加，城市洪涝灾害风险增大。2021年12月以来，美国龙卷风、巴西暴雨、马达加斯加洪涝等“大戏”在全球天气舞台上竞相上演。2021年中国平均气温10.5℃，较常年偏高1℃，为1951年以来历史最高；北方地区接连遭遇罕见强降雨，引发大量山体滑坡、崩塌和泥石流等地质灾害；多地出现洪水、内涝等灾情，引起社会各界对极端天气事件的强烈关注。

总体来看，全球气候变暖为极端天气事件的发生提供了一个大的背景。随着全球变暖加剧，极端高温事件、强降水、农业生态干旱的强度和频率以及强台风占比等都会呈现增加趋势。目前，全球已达成共识，极端天气缘于全球变暖，大量的温室气体排放是全球变暖的元凶，而以化石能源为基础的工业化生产方式导致了大量温室气体排放。极端天气事件已被列为世界气候研究计划联合科学委员会提出的七大科学挑战之一。

第 4 章　气候治理

拯救“发烧”的地球

01　国际气候谈判与进程

国际气候谈判是一个科学研究与政策制定相互交织、相互推动的过程。国际气候谈判的起点可以追溯至 1979 年在瑞士日内瓦召开的第一次世界气候大会，科学家提出大气二氧化碳浓度升高导致地球升温的警告，气候变化问题首次成为国际社会关注的议事日程之一。国际社会对气候变暖将会造成的危害达成了基本共识，构建应对气候变化的国际机制成为必经之路，治理全球气候变化由此拉开序幕。

国际气候谈判经过几十年的发展，形成了《联合国气候变化框架公约》《京都议定书》《巴黎协定》三个具有法律约束力的减排协议，但这三个文件的敲定并不是水到渠成，而是具有一定的曲折性，形成原因包含在气候谈判的发展进程中。国际气候谈判的发展历程主要分为四个阶段，即准备阶段、初步发展、僵持阶段以及再次启程阶段，如图 4–1 所示。

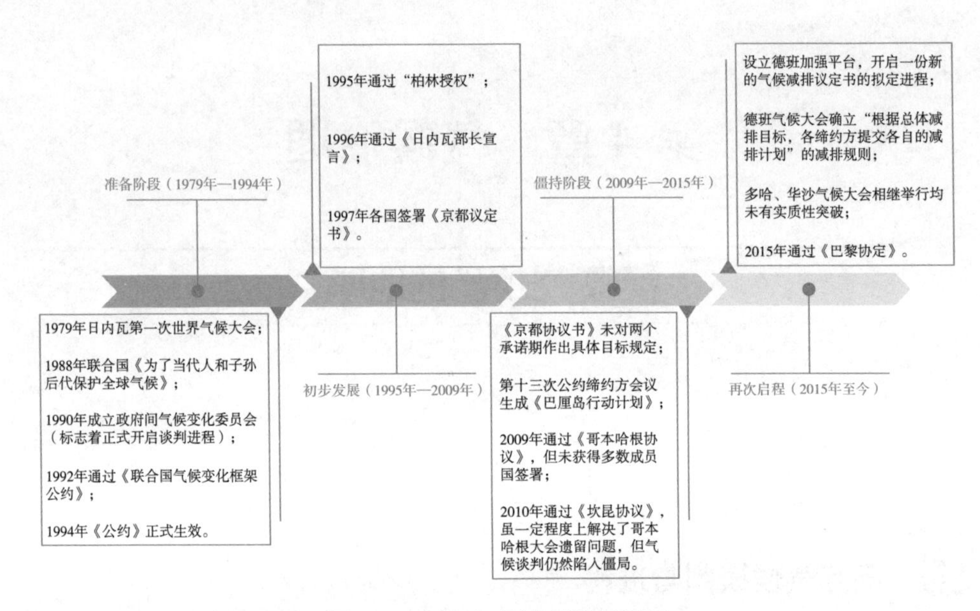

图 4-1　国际气候谈判发展历程

02 联合国政府间气候变化专门委员会

联合国政府间气候变化专门委员会（IPCC）是世界气象组织及联合国环境规划署于 1988 年联合建立的政府间机构，是科学界与决策者交流的重要媒介，它发布的报告也是气候谈判的重要依据。

IPCC 既不是严格的科学机构，也不是严格的政治机构，而是独特的混合体，它遵循的基本原则为，只有在基本上得到世界上所有主要气候科学家的坚定同意以及所有参与国政府一致同意的情况下才颁布规则和报告，这满足了各种团体的不同需求。这种达成共识的要求以及相关程序和原则，后被许多采用科学研究解决环境问题的新机构纳入决策考量。

IPCC 本身并不从事研究和运行模型工作，其报告主要是评估气候变化及其影响、风险、适应与减缓措施等相关领域的科学、技术和社会经济文献，评估报告大致每 6 年发布一次，截至目前，分别于 1990 年、1995 年、2001 年、2007 年、2014 年和 2021 年相继完成了 6 次评估报告，这些报告已成为国际社会认识和了解气候变化问题的主要科学依据。

03 《京都议定书》

为了让人类免受气候变暖的威胁，1997 年 12 月，《联合国气候变化框架公约》第 3 次缔约方大会在日本京都召开。149 个国家和地区的代表通过了旨在限制发达国家温室气体排放量以抑制全球变暖的《京都议定书》（以下简称《议定书》）。《议定书》规定，到 2010 年，所有发达国家二氧化碳等 6 种温室气体的排放量，要比 1990 年减少 5.2%。具体说，各发达国家从 2008 年到 2012 年必须完成的削减目标是：与 1990 年相比，欧盟削减 8%、美国削减 7%、日本削减 6%、加拿大削减 6%、东欧各国削减 5% 至 8%。新西兰、俄罗斯和乌克兰可将排放量稳定在 1990 年水平上。《议定书》同时允许爱尔兰、澳大利亚和挪威的排放量比 1990 年分别增加 10%、8% 和 1%。2001 年，美国总统布什宣布美国退出《议定书》，理由是《议定书》对美国经济发展带来过重负担。

《议定书》建立了旨在减排温室气体的三个灵活合作机制，即国际排放贸易机制、联合履行机制和清洁发展机制，具体内容见表 4–1。以清洁发展机制为例，它允许工业化国家的投资者从其在发展中国家实施的并有利于发展中国家可持续发展的减排项目中获取“经核证的减排量”。中国成为实现《议定书》清洁发展机制减排量最多的国家。

表 4–1　温室气体减排合作机制

联合履行机制（JI）	国际排放贸易机制（IET）	清洁发展机制（CDM）
发达国家之间通过项目级的合作，实现的减排单位可以转让给另一发达国家缔约方，但是同时必须在转让方的“分配数量”配额上扣减相应的额度	一个发达国家，将其超额完成减排义务的指标，以贸易的方式转让给另一个未能完成减排义务的发达国家，并同时从转让方的允许排放限额上扣减相应的转让额度	发达国家通过提供资金和技术的方式与发展中国家开展合作，通过项目实现“经核证的减排量”，用于发达国家完成《议定书》规定的减排承诺。CDM 被认为是一种“双赢”的机制

资料来源：https://wenku.solarbe.com/p–25155.html。

04 《巴黎协定》

2015 年 12 月 12 日，为更好地控制各国碳减排情况，在气候变化巴黎大会上正式通过《巴黎协定》(以下简称《协定》)，并确立了 2020 年后全球应对气候变化制度的总体框架，明确了以“国家自主贡献”为基础的减排机制，《协定》被认为是人类历史上应对气候变化的第三个里程碑式的国际法律文本。《协定》下缔约方的核心承诺集中在程序上的准备、通报和维持连续的国家自主贡献，但其内容由各国自主决定。所有缔约方都必须提出国家自主贡献目标，并采取国内行动措施，但缔约方国家自主贡献不受充分性审查的约束，是否兑现目标也不受国际法律约束。《协定》是对 2020 年后全球应对气候变化的行动做出的统一安排，其长期目标是将全球平均气温较前工业化时期上升幅度控制在 2℃以内，并努力将温度上升幅度限制在 1.5℃以内。《协定》的正式提出，也是在向世界宣告，控制二氧化碳排放量是全世界各个国家共同而有区别的责任。从环境保护与治理上来看，《协定》最大贡献在于明确了全球共同追求的“硬指标”。只有全球尽快实现温室气体排放达到峰值，21 世纪下半叶实现温室气体净零排放，才能降低气候变化给地球带来的生态风险以及给人类带来的生存危机。

05 国家自主贡献目标和第 26 届联合国气候变化大会

根据《巴黎协定》第三条规定，国家自主贡献目标为各国在应对全球气候变化中根据自身情况提出实现气候变化目标的行动安排。在共同但有区别的责任原则和各自能力原则的指引下，各国基于不同的国情，通过“自下而上”的方式执行各自减排义务，这明显不同于《京都议定书》确立的只针对发达国家的“自上而下”的强制性减排义务。

中国在“国家自主贡献”文件中明确提出 2030 年左右二氧化碳排放达到峰值并争取尽早达峰；单位国内生产总值二氧化碳排放量比 2005 年下降 60% ~ 65%，非化石能源占一次能源消费比重达到 20% 左右，森林蓄积量

比 2005 年增加 45 亿立方米左右。在行动措施方面，提出从国家战略、区域战略、能源体系、产业体系、建筑交通、森林碳汇、生活方式、适应能力、低碳发展模式、科技支撑、资金政策支持、碳交易市场、统计核算体系、社会参与、国际合作等 15 个方面采取行动。行动目标和行动措施体现了中国作为负责任大国对国际社会的承诺，这也符合中国自身实现可持续发展的必然要求。

2021 年 10 月 31 日，联合国气候变化大会在格拉斯哥召开第 26 次缔约方大会。第 26 届联合国气候变化大会是《巴黎协定》进入实施阶段后召开的首次缔约方大会，在大会上通过了《格拉斯哥气候公约》，各国确定全球升温控制在 1.5℃的目标不变，并加大应对气候影响的行动力度。第 26 届联合国气候变化大会推动各国共同付诸了以下行动：

（1）减缓。153 个缔约国通过设立国家自主贡献目标和未来行动，为实现全球净零排放提供担保。各国一致同意将在 2022 年召开的会议上做出更有力的承诺，即实施一项有关减缓雄心的联合国气候计划，并最终敲定了《巴黎协定规则手册》。为实现这些艰巨目标，主席国推动相关方承诺不再采用燃煤发电，停止并扭转毁林，减少甲烷排放，加速转向电动车。

（2）适应。目前已有 80 个国家或参与了“适应交流计划”，或加入了“国家适应计划”，以加强应对气候风险的准备。《关于全球适应气候变化目标的格拉斯哥—沙姆沙伊赫工作计划》也已获得一致通过，这将进一步推动适应行动。承诺提供适应资金的数额也创新高，承诺到 2025 年提供的资金数额将达到 2019 年数额的两倍，这是全球范围内首次就适应融资具体目标达成一致。各国宣布将建立新的伙伴关系，改善获得资金的情况，包括为原住民提供的资金。

（3）资金。发达国家目前已经在实现 1000 亿美元气候融资目标上取得进展，最晚于 2023 年实现这一目标。34 个国家和 5 家公共金融机构将停止对至今仍有增无减的化石燃料能源行业的支持。在格拉斯哥，各国一致同意将共同推进实现 2025 年后的气候融资目标。发达国家承诺将大幅增加向“最不发达国家基金”等关键基金提供资金。

（4）协作。格拉斯哥大会实现的突破，将加速政府、企业和公民社会之间的合作，从而加速兑现承诺，而能源、电动汽车、航运和大宗商品方面的协作委员会和对话也将有助于承诺的兑现。

2022 年 11 月 6 日至 18 日，各国元首、部长和谈判代表，以及气候活动家、市长、民间社会代表和首席执行官们在埃及沿海城市沙姆沙伊赫举行最大规模的气候行动年度会议——第 27 届联合国气候变化大会，致力于将各国重新团结起来，落实具有里程碑意义的《巴黎协定》，为人类和地球创造更美好的未来。

06 应对气候变化的途径

全球气候变化引发的气候风险对人类可持续发展构成严重威胁。应对气候变化的途径主要有两类，即减缓和适应（图 4–2）。减缓是指通过经济、技术、生物等政策、措施和手段，控制温室气体排放，增加温室气体的汇。控制温室气体排放的途径主要是改变能源结构，控制化石燃料使用量，增加核能和可再生能源使用比例；提高发电和其他能源转换部门的效率以及工业生产部门的能源使用效率，降低单位产品能耗；提高建筑采暖等民用

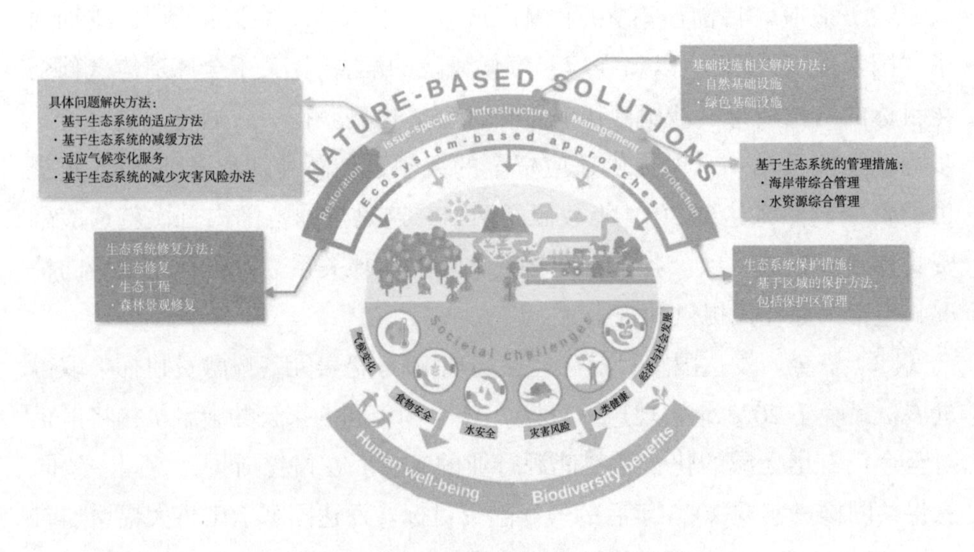

图 4–2　生态系统的解决方法和措施

资料来源：https://www.huanbao-world.com/a/vocs/92843.html

能源效率及交通部门能源效率等，由此控制和减少二氧化碳等温室气体排放量。增加温室气体吸收的途径主要有植树造林和采用固碳技术，其中固碳技术指把燃烧排放气体中的二氧化碳分离、回收，然后深海弃置和地下弃置，或者通过化学、物理以及生物方法固定。适应是自然或人类系统在实际或预期的气候变化刺激下做出的一种调整反应，这种调整能够使气候变化的不利影响得到减缓或能够充分利用气候变化带来的各种有利条件。适应气候变化有多种方式，包括制度措施、技术措施、工程措施等，如建设应对气候变化的基础设施、建立对极端天气和气候事件进行监测的预警系统、加强对气候灾害风险的管理等。在农业方面，人类为应对干旱发展新型抗旱品种、采取间作方式、作物残茬保留、杂草治理、发展灌溉和水培农业等；应对洪涝采取圩田和改进的排水方法、开发和推广可替代作物、调整种植和收割时间等；为应对热浪发展新型附热品种、改变耕种时间、对作物虫害进行监控等。

国际碳达峰碳中和：引领全球绿色低碳革命

自人类社会进入工业文明以来，世界人口数量的快速增加及经济的迅猛发展，造成温室气体大量排放，极端气候现象频繁出现，全球变暖带来的气候变化威胁成为世界各国和各地区面临的最严峻挑战之一。为保障人类社会的全面可持续发展，推进全球气候治理发展进程，积极应对气候变化是当今世界大势所趋，努力减少碳排放成为世界各国政府工作的重中之重，越来越多的国家、地方政府和企业通过碳中和等气候行动强化减碳力度。碳中和催生了新一轮能源技术和产业革命，气候政策也在加速调整和转变。碳达峰碳中和事关全球可持续发展和人类命运共同体建设。截至2022年6月，全球已有接近150个国家承诺21世纪中叶实现碳中和的目标，部分发达国家已经实现碳达峰甚至碳中和。

第 5 章　碳减排

遏制全球热浪的抓手

01　全球二氧化碳排放

1990—2000 年，全球二氧化碳排放量变化较小，年均增长 0.88%，呈平稳上升趋势。从 2001 年起，随着全球经济快速发展，二氧化碳排放量迅速增加，从 24175.26 万吨增加至 2019 年的 34356.61 万吨，年均增长 2.0%。2020 年新型冠状病毒肺炎疫情（以下简称新冠疫情）全球肆虐，引发的经济危机严重影响全球能源生产、供应和消费方式的各个方面。2020 年一次能源需求下降近 4%，全球与能源有关的二氧化碳排放量同比下降 5.8%，是自第二次世界大战以来最大降比。2021 年在新冠疫情持续影响下，交通运输行业的石油每日需求量比 2019 年大约降低 600 万桶，二氧化碳排放量大约减少 6 亿吨，与国际航空有关的碳排放量仅为新冠疫情前水平的 60%。2021 年全球碳排放量为 363 亿吨，其中能源燃烧和工业过程产生的二氧化碳排放占能源部门温室气体总排放的近 89%，天然气放空燃烧的二氧化碳排放量占 0.7%，如图 5–1 所示。

1990 年以来，美国、印度、俄罗斯、日本等国家的二氧化碳排放量相对比较稳定，而中国的二氧化碳排放量在 1990—2000 年间增长幅度较小，2000 年开始快速增长，之后中国提倡能源绿色低碳转型，二氧化碳排放量增速逐渐放缓，如图 5–2 所示。据 BP 统计年鉴报告显示，2020 年中国碳排放量为 98.99 亿吨，同比增长 0.91%，占全球碳排放总量的 30.7%，美国、

印度、俄罗斯、日本碳排放量分别为 44.57 亿吨、23.02 亿吨、14.82 亿吨、10.27 亿吨，分别占全球碳排放总量的 13.8%、7.1%、4.6%、3.2%，如图 5-3 所示。

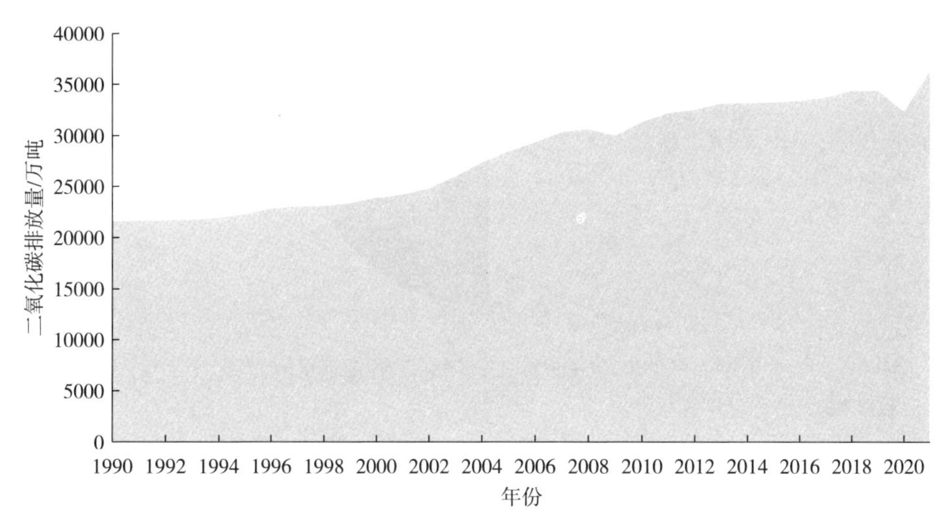

图 5-1　1990—2021 年全球二氧化碳排放量

数据来源：BP 统计年鉴

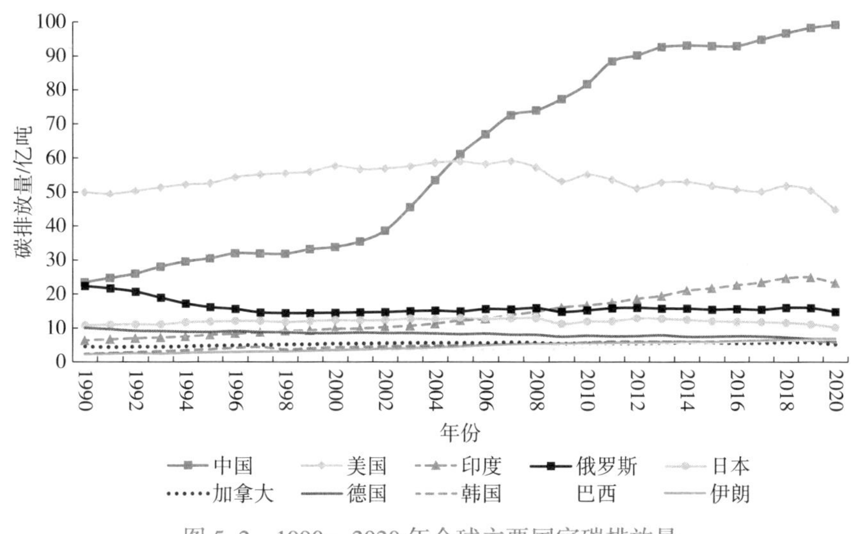

图 5-2　1990—2020 年全球主要国家碳排放量

数据来源：BP 统计年鉴

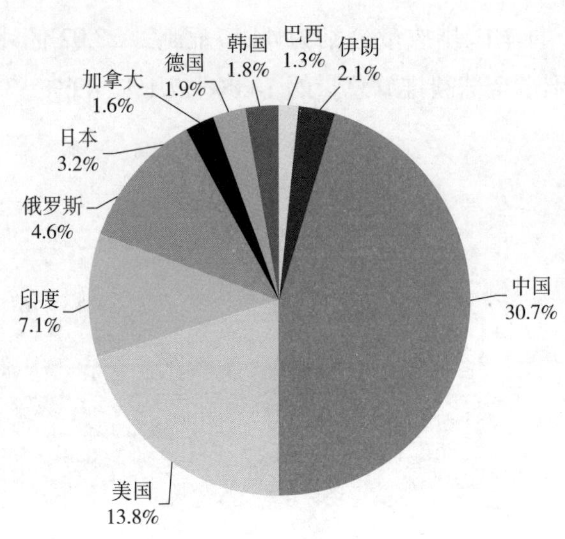

图 5–3　2020 年全球主要国家二氧化碳排放占比

数据来源：BP 统计年鉴

02　碳排放影响因素

碳排放水平除了受经济发展阶段、能源资源禀赋、技术因素、消费模式等社会经济因素的影响外，人口变化和环境政策等因素也会影响碳排放总量。从经济发展阶段来看，碳排放水平影响因素主要体现在产业结构、人均收入和城市化水平等方面。发达国家处于后工业化时代，城市化已经完成，碳排放主要由消费型社会驱动，而发展中国家还处于经济发展的存量积累阶段，主要是生产投资和基础设施投入带动资本存量累积的碳排放；从能源资源禀赋来看，碳排放主要来源于化石能源使用，煤炭、石油、天然气的碳排放系数依次递减，太阳能、风能、水能等可再生能源以及核能属于零碳能源。化石能源资源丰富而清洁能源资源稀缺的国家碳减排的难度更大；从技术因素来看，技术进步可以提升能源利用效率、管理效率，进而减缓甚至降低二氧化碳排放；从消费模式来看，能源消耗及排放在根本上受到全社会消费活动的驱动，发展水平、自然条件、生活方式等方面的差异导致不同国家居民能源消耗和碳排放的差异巨大，消费模式和行为习惯对碳排放的影响显著，如美国人均碳排放水平是欧盟国家的两倍以上。

此外，人口增加以及环境政策宽松，也有可能增加二氧化碳排放。

03 全球碳减排目标

气候变化对人类和生态系统造成巨大影响，带来的气候风险日益加剧。为应对全球气候变化，世界各国纷纷采取行动，通过国际谈判，达成多个代表性国际公约，形成各自减排目标。2015 年《巴黎协定》设定了 21 世纪后半叶实现净零排放目标。此后，越来越多的国家逐渐将净零排放目标转化为国家战略，提出无碳未来的愿景，如表 5–1 所示。

表 5–1 全球一些国家和地区净零排放或碳中和目标

国家 / 地区	净零排放或碳中和目标
奥地利	承诺 2040 年实现气候中和，2030 年实现 100% 清洁电力
中国	力争 2030 年前实现碳达峰，2060 前实现碳中和
哥斯达黎加	确定 2050 年净排放量为零
欧盟	努力实现整个欧盟 2050 年净零排放目标
德国	2050 年前追求温室气体中和
匈牙利	承诺到 2050 年气候中和
爱尔兰	设定 2050 年净零排放目标，未来十年内每年减排 7%
挪威	努力在 2030 年通过国际抵消实现碳中和，2050 年在国内实现碳中和
斯洛伐克	到 2050 年实现气候中和
南非	到 2050 年成为净零经济体
瑞士	在 2050 年前实现净零碳排放，深化《巴黎协定》规定 70% ～ 85% 的减排目标
英国	在 2045 年实现净零排放
乌拉圭	预计到 2030 年，成为净碳汇国

资料来源：气候新闻网站、国际能源小数据。

04 新冠疫情对碳排放的影响

2019 年底爆发的新冠疫情对中国和其他各国人民的健康和财产造成重大冲击，对社会生产、能源活动造成巨大影响。世界各国政府采取停工停学和“封城”等强制措施，阻断病毒传播。在政府一系列强有力的“封城”措施下，企业和工厂停工停产，人民出行减少，人类活动大规模减少，导致能源消耗与相应的碳排放量双双下降。2020 年化石燃料需求断崖式下滑，特别是石油需求暴跌 8.6%，煤炭需求下降 4%。石油年度碳排放减少量有史以来最大，占全球碳排放量减少量的一半以上。石油使用造成的全球碳排放量暴跌超过 1.10 亿吨，低于 2019 年的约 1.14 亿吨。道路运输活动下降占全球石油需求下降的 50%，航空业的衰退幅度约为 35%。化石燃料消费量出现大幅下降，以低碳燃料和低碳技术为依托的太阳能光伏和风能，在全球能源结构中达到有史以来最高年度份额，提高了 1% 以上，达到 20% 以上。电力需求的减少以及可再生能源发电的加速扩张使得电力部门二氧化碳排放量下降 4.5 亿吨。2020 年全球二氧化碳排放量减少约 23 亿吨。

国际能源署发布的最新报告显示，随着世界经济从新冠疫情的危机中强劲反弹，经济增长严重依赖煤炭推动，2021 年全球与能源相关的二氧化碳排放量增加至 363 亿吨，增幅达 6%，创历史新高。2021 年全球二氧化碳排放量的绝对增幅超过 20 亿吨，尽管可再生能源发电取得有史以来最大增长，不利的天气和能源市场条件，尤其是天然气价格飙升仍然促进 2021 年能源需求的增长，导致煤炭用量继续增加。

第 6 章　联合国气候变化框架公约

缔约方自主担责减排

01 《联合国气候变化框架公约》

《联合国气候变化框架公约》是一个国际公约，1992 年 5 月在纽约联合国总部通过，1992 年 6 月在巴西里约热内卢召开的联合国环境与发展会议期间开放签署。1994 年 3 月 21 日，该公约正式生效。地球峰会上由 150 多个国家以及欧洲经济共同体共同签署。公约由序言和 26 条正文组成，具有法律约束力，该公约建立了一个向发展中国家提供资金和技术，使它们能够履行公约义务的机制。截至 2016 年 6 月，加入该公约的缔约国共有 197 个。

公约核心内容有以下几个方面：一是确立应对气候变化的最终目标，将大气温室气体的浓度稳定在能避免危险的水平上，这一水平应当在足以使生态系统可持续发展的时间范围内实现。二是确立国际合作应对气候变化的基本原则，主要包括“共同但有区别的责任”原则、公平原则、各自能力原则和可持续发展原则等。三是明确发达国家应承担率先减排和向发展中国家提供资金和技术支持的义务。四是承认发展中国家有消除贫困、发展经济的优先需要，发展中国家人均碳排放仍相对较低，经济和社会发展以及消除贫困是发展中国家首要任务。

02 已经实现碳达峰碳中和的国家

世界资源研究所统计数据显示，截至 2021 年 4 月，全球已有 54 个碳排放国家实现碳达峰，在 1990 年以前实现碳达峰的国家有 19 个，分别是阿塞拜疆、白俄罗斯、保加利亚、克罗地亚、捷克、爱沙尼亚、格鲁吉亚、德国、匈牙利、哈萨克斯坦、拉脱维亚、摩尔多瓦、挪威、罗马尼亚、俄罗斯、塞尔维亚、斯洛伐克、塔吉克斯坦、乌克兰。1990—2018 年，法国、英国、波兰、奥地利、巴西、葡萄牙、澳大利亚、加拿大、西班牙、美国、日本、韩国等国家陆续实现碳达峰，如图 6-1 所示。

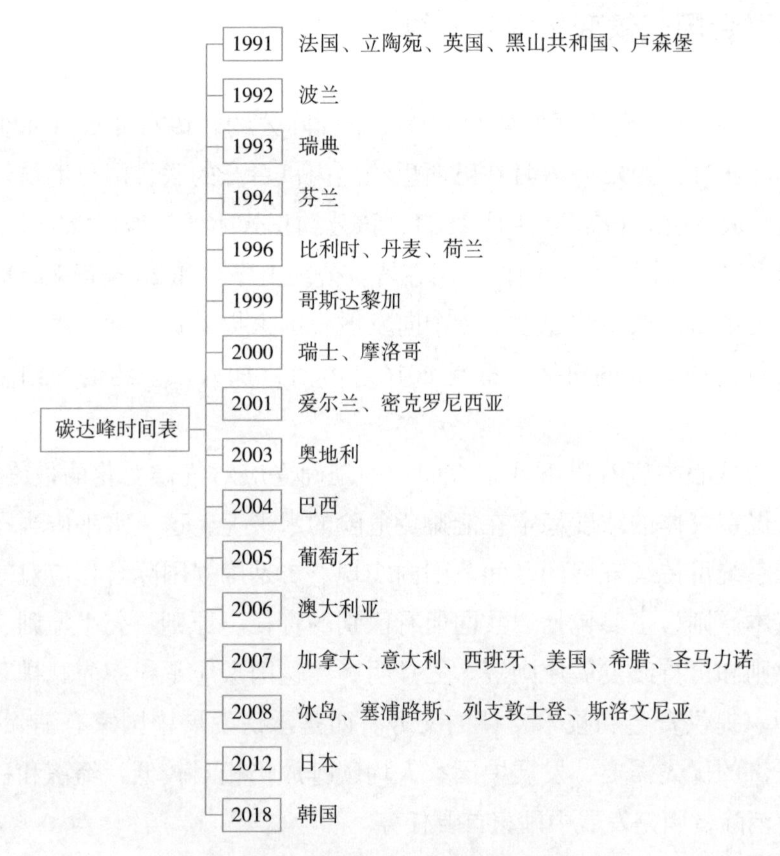

图 6-1 全球已经宣布碳达峰时间的国家

资料来源：世界资源研究所及公开资料整理

03 全球一些国家碳中和路线图

2015 年 2 月，具有法律约束力的气候协议《巴黎协定》达成，明确了 21 世纪初将全球气温上升幅度力争控制在 1.5℃以内的目标，推动了全球低碳转型进程，各国相继提出碳中和目标。能源气候情报部门对各个国家“零碳”或“碳中和”的气候目标进展情况进行了统计，截至 2022 年 6 月，全球已有接近 150 个国家做出碳中和承诺，见表 6–1。其中，苏里南和不丹于 2021 年已实现碳中和；瑞典、葡萄牙、丹麦、新西兰、加拿大等国家处于已立法阶段，预计在 2045—2050 年间实现碳中和；尼泊尔、巴基斯坦、瑞士、秘鲁、印度尼西亚等国家处于提议或讨论中，预计在 2045—2060 年间实现碳中和；巴拿马、巴西、沙特阿拉伯、俄罗斯、乌克兰和中国等大部分国家已有相关政策宣示、声明或承诺，预计到 2035—2060 年间实现碳中和。

表 6–1　全球一些国家和地区碳中和目标进展情况

进展情况	一些国家和地区	目标日期
已实现	苏里南、不丹	2021
已立法	瑞典、葡萄牙	2045
	丹麦、新西兰、匈牙利、加拿大、爱尔兰	2050
提议或讨论中	尼泊尔	2045
	巴基斯坦、瑞士、秘鲁、苏丹、缅甸、萨摩亚	2050
	印度尼西亚	2060
政策宣示、声明或承诺	芬兰	2035
	冰岛	2040
	巴拿马、哥斯达黎加、马绍尔群岛、摩纳哥、老挝、巴西、越南、阿根廷、南非、以色列、沙特阿拉伯、俄罗斯	2050
	中国、乌克兰	2060

资料来源：能源和气候情报部门。

04 禁售燃油车时间表

在全球各国提出碳中和目标后，汽车产业逐步走上绿色发展转型之路，电动化成为产业发展的主要趋势，各国纷纷发布“禁燃”令，荷兰、法国、英国、瑞士、日本等国家宣布在2025—2040年间停售燃油车。虽然中国还没有制定具体的燃油车停售时间表，但在2019年8月20日，工业和信息化部发布了《对十三届全国人大二次会议第7936号建议的答复》，在答复中明确指出将支持有条件的地方和领域开展城市公交出租先行替代、设立燃油汽车禁行区等试点，在取得成功的基础上，统筹研究制定燃油汽车退出时间表，具体见表6–2所示。

表6–2 全球各国燃油车禁售时间表

时间	国家 / 地区
2024	意大利罗马
2025	法国巴黎、西班牙马德里、希腊瑞典、墨西哥、挪威
2029	美国加利福尼亚州
2030	中国海南、荷兰、德国、印度、以色列、爱尔兰、日本东京、丹麦、冰岛、斯洛文尼亚、瑞典、英国
2032	英国苏格兰
2035	日本、加拿大魁北克省
2040	法国、西班牙、加拿大不列颠哥伦比亚省

资料来源：https://zhuanlan.zhihu.com/p/341805777。

各车企顺应政府和汽车产业发展要求，明确禁售燃油车的具体规划，比亚迪公司已于2022年3月起停止燃油汽车的整车生产，日产、宾利、奥迪和本田等车企宣布在2025—2040年间实现停售燃油车的计划，如图6–2所示。

图 6-2　各车企禁售燃油车计划时间表

资料来源：https://chejiahao.autohome.com.cn/info/8920399

05　各国自主贡献目标与 1.5℃温升目标差距

据联合国环境规划署发布的《2021 年排放差距报告》显示，各国上报的更新版国家自主贡献目标以及已宣布的其他一些气候变化减缓承诺，仅在原先预测的 2030 年温室气体年排放量基础上减少了 7.5%。要想实现《巴黎协定》1.5℃温升目标，需要减排 55%。在现行政策下，只有阿根廷、中国、欧盟、印度、日本、俄罗斯、沙特阿拉伯、南非、土耳其和英国 10 个二十国集团成员国有可能实现最初的无条件自主贡献目标。截至 2021 年 4

月 23 日，已有 80 个国家向《联合国气候变化框架公约》提交了新的国家自主贡献目标，涵盖了超过 40% 的全球二氧化碳排放量。与第一轮相比，许多更新的国家自主贡献目标更高、部门更多或温室气体覆盖面更广。

二十国集团成员国采取了一系列政策，有许多积极的进展，也有消极的例子，如化石燃料开采项目和燃煤电厂建设计划的推进，以及在新冠疫情大流行期间取消环境法规。许多二十国集团成员国在实施政策的情况下，预计 2030 年的碳排放量将超过 2010 年，但是预计将达不到更新的无条件国家发展承诺和其他已宣布的 2030 年减排承诺。加拿大和美国已提交了加强的国家自主贡献目标，而按照目前执行的政策，加拿大和美国无法实现之前的国家自主贡献目标，如图 6–3。

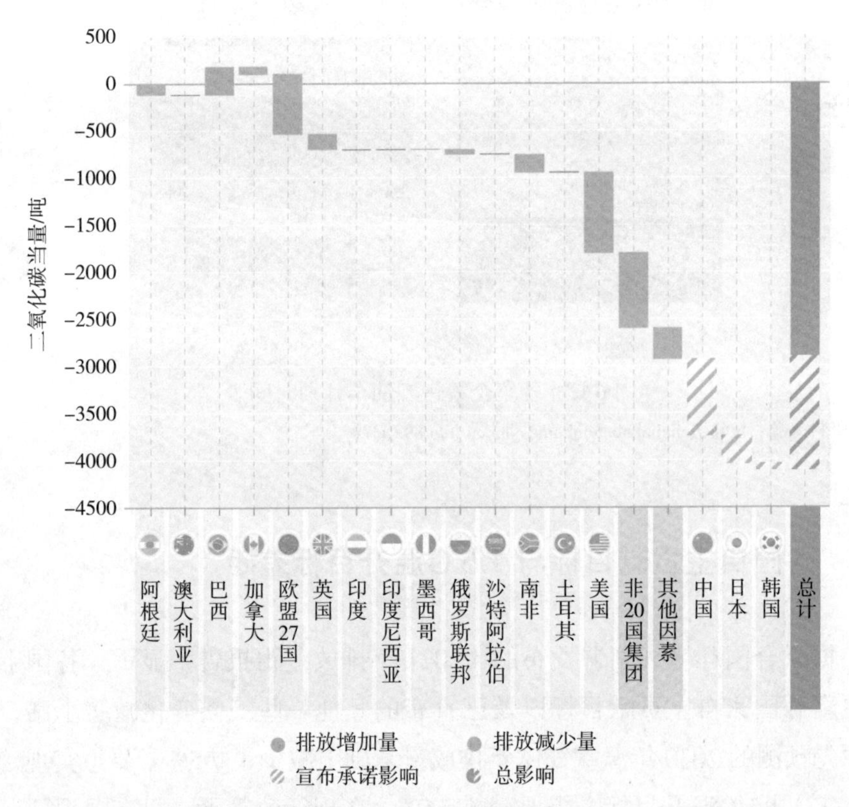

图 6–3　2030 年承诺对 2030 年全球排放的影响与以往提交的国家自主贡献目标比较

资料来源：联合国环境规划署发布的《2021 年排放差距报告》

第 7 章　碳中和路线图

指引绿色低碳发展路径

01 国际能源署的《2050 年净零排放：全球能源行业路线图》

2021 年 5 月 18 日，国际能源署正式发布年度报告《2050 年净零排放：全球能源行业路线图》，讨论了在全球温度上升 1.5℃情景下，全球如何实现快速的能源转型，到 2050 年打造净零排放的能源系统。净零排放情景下，化石燃料用量将大幅减少，在能源供应总量中的占比将从 2020 年的 80% 下降到 2050 年的 20%。煤炭用量将从 2020 年的 52.5 亿吨煤当量下降到 2030 年的 25 亿吨煤当量，到 2050 年下降至不足 6 亿吨煤当量；石油需求在 2020 年下降到 9000 万桶 / 天以下，且需求不会恢复到 2019 年的峰值，2030 年将下降到 7200 万桶 / 天，2050 年下降到 2400 万桶 / 天；天然气用量 2020 年下降到 3.9 万亿立方米，2030 年将下降到 3.7 万亿立方米，2050 年将下降到 1.75 万亿立方米。

各国政府需要提供可信的阶段性规划，以实现其净零目标，并树立投资者、行业、公民和其他国家对本国政府的信心。政府的长期政策框架必须到位，以使政府各部门和利益攸关方能够做出有计划的改变，促进有序转型。《巴黎协定》所要求的长期国家低排放战略，可以作为国家转型的愿景，而本报告可以作为全球转型的愿景。这些长期目标需要有配套的可衡量的短期目标和政策。净零路径详细提出了 400 多个部门和技术里程碑，以指导 2050 年实现净零的全球征程，具体如图 7-1 所示。

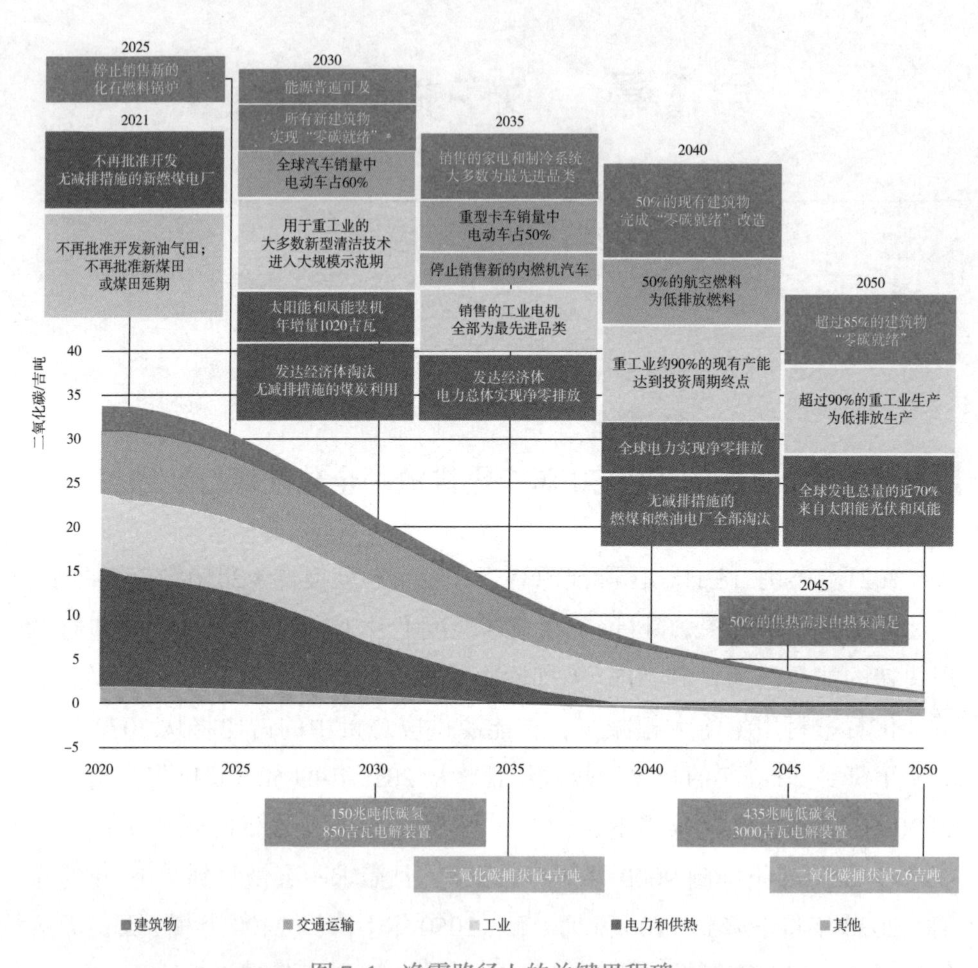

图 7–1　净零路径上的关键里程碑

资料来源：国际能源署《2050 年净零排放：全球能源行业路线图》

2022 年 3 月，国际能源署提出减少欧盟对俄罗斯天然气依赖的 10 点计划，与欧盟的气候目标和欧洲绿色协议相一致，欧盟在 2030 年前完全消除对俄罗斯天然气的进口需求，具体内容见图 7–2 所示。同月，国际能源署发布了削减石油使用的 10 点计划，应对乌克兰危机带来的对全球能源安全的威胁，具体内容见图 7–3 所示。

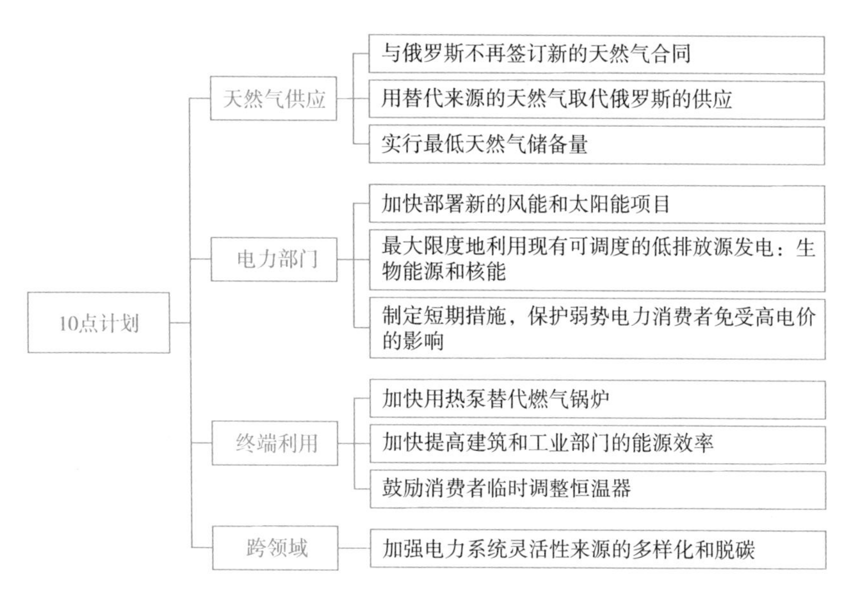

图 7–2　减少天然气依赖的 10 点计划

资料来源：国际能源署

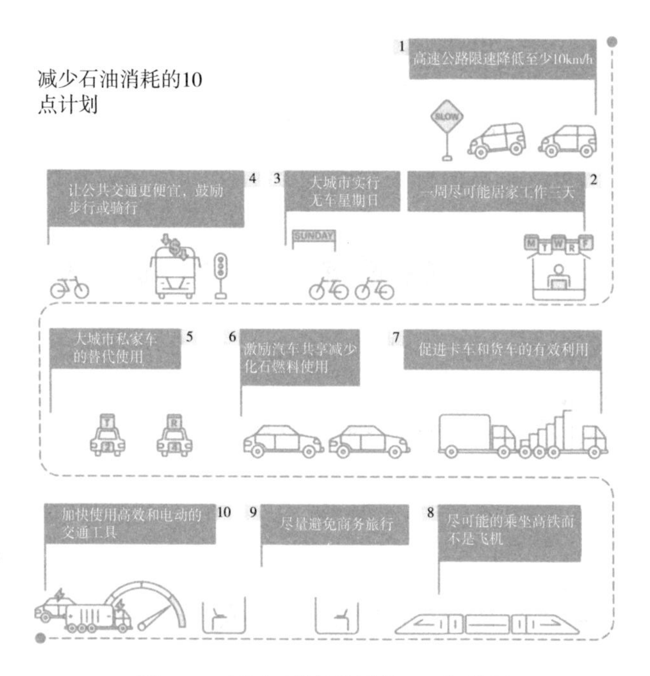

图 7–3　减少石油消耗的 10 点计划

资料来源：国际能源署

02 英国的“绿色工业革命”

2008年，英国正式颁布《气候变化法案》，成为世界上首个以法律形式明确中长期减排目标的国家。2019年6月，英国新修订的《气候变化法案》正式生效，确定到2050年实现温室气体“净零排放”，即实现碳中和目标。2020年11月，英国政府宣布一项涵盖10个方面的“绿色工业革命”计划，包括大力发展海上风能、推进新一代核能研发和加速推广电动车等措施，具体见表7–1。

表7–1 “绿色工业革命”计划具体内容

能源	具体计划
海上风电	通过海上风力发电为每家每户供电，到2030年，实现风力发电量翻两番，达到400亿瓦
氢能	到2030年，实现50亿瓦的低碳氢能产能，供给产业、交通、电力和住宅
核能	将核能发展成为清洁能源来源，包括大型核电站及开发下一代小型先进的核反应堆
电动汽车	到2030年（比原计划提前十年），停止售卖新的汽油和柴油汽车及货车；到2035年，停止售卖混合动力汽车
公共交通、骑行和步行	将骑行和步行打造成更受欢迎的出行方式，并投资适用于未来的零排放公共交通方式
喷气飞机零排放理事会和绿色航运	通过飞机和船只零排放研究项目，帮助脱碳困难的行业变得更加绿色清洁
碳捕集	成为环境中有害气体捕集与封存技术的世界领导者，并计划到2030年清除1000万吨二氧化碳

2021年10月，英国政府发布了净零战略，认为未来航空业是英国碳排放最多的领域之一。英国航空零排放战略建立了英国政府促进航空业脱碳的未来构想，到2040年实现英国国内航空运输净零排放，实现英格兰地区机场运营净零排放，到2025年在英国建设至少5个商业规模的可持续航

空燃料工厂，到 2024 年执行国际航空碳抵消和减排计划，从 2025 年起实施减排轨迹。

03 德国的“绿氢和绿色交通”

2019 年 9 月 20 日，德国联邦政府通过《气候行动计划 2030》，同年 11 月 15 日德国联邦议院通过《德国联邦气候保护法》，首次以法律形式提出了德国中长期温室气体减排目标，到 2030 年温室气体排放总量较 1990 年至少减少 55%，到 2050 年实现碳中和。2021 年 5 月，德国总理在第十二届彼得斯堡气候对话视频会议开幕式上表示，德国实现碳中和时间将从 2050 年提前到 2045 年，2030 年温室气体排放比 1990 年减少 65%。为提前实现碳中和目标，德国实施了一系列低碳转型措施：大力倡导绿色交通，发展氢能等可再生能源，逐步淘汰煤电，提高能源效率等，具体见图 7–4。

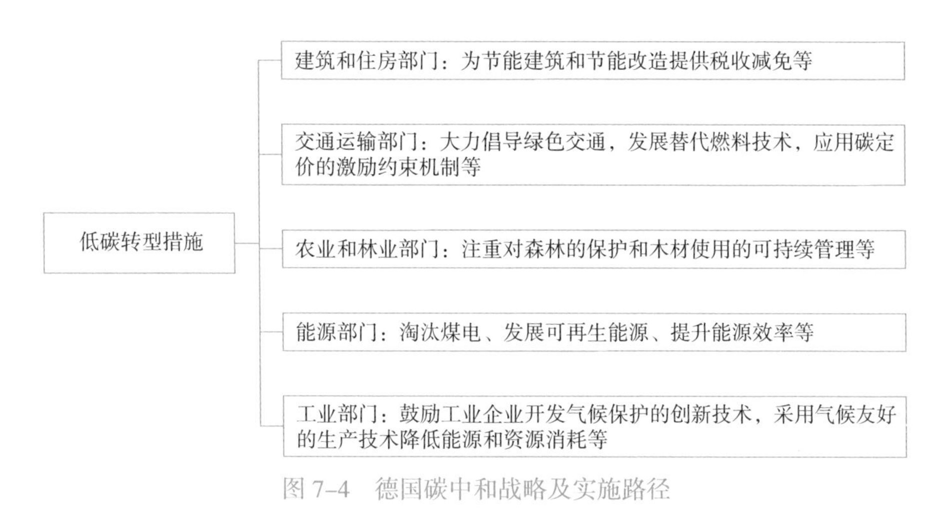

图 7–4　德国碳中和战略及实施路径

2020 年 6 月，德国发布《国家氢能战略》，主要涉及绿氢的使用、储存运输成本和进口渠道等三大方面，具体见图 7–5。德国将氢能产业提升到国家战略，积极出台各项政策支持产业发展，明确“两步走”的发展思路、发展核心技术、推动氢能国际合作，并不断完善政策体系，为产业发展保驾护航。2021 年德国联邦政府正式通过《国家自行车交通计划 3.0》，计划中提出乡村地区建立更多更完善的自行车道路网，大城市之间修建多条自行车快速路，城市运输和经济领域增加载货自行车的使用，建设更多自行车停车设施，在进行道路规划时明确将自行车和汽车的行驶路线分开等，进一步推动了自行车交通有序发展，方便人们绿色出行。

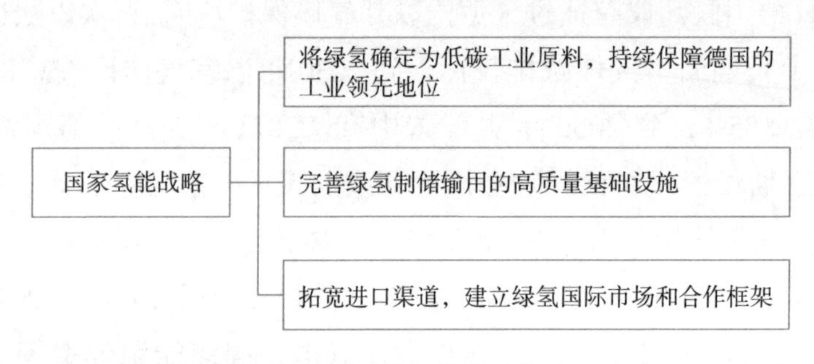

图 7–5　德国《国家氢能战略》主要内容

04　美国的“清洁能源”

2020 年 12 月，美国提出《零碳排放行动计划》，该行动计划是一项针对美国国内的战略，借鉴并扩展了此前两个由联合国主导的可持续发展解决方案网络报告“美国深度脱碳的途径（2014）”和“美国深度脱碳的政策影响（2015）”。在此基础上，行动计划详细叙述了最大限度提高经济效益、降低能源成本所需采取的措施，并提出了提升经济活力、就业增长与 2050 年的零碳排放目标。在经济增长与就业方面，行动计划以创新技术、提供优质工作岗位、优化清洁能源、保障气候安全与经济安全为基本策略，促使人们在后疫情时代重新投入到工作之中，以构建充满活力的经济运转体系。在应对气候变化方面，行动计划为 2050 年温室气体净零排放目标提供了实现途径，将促进实现全球升温限制在 1.5℃目标。行动计划重点关注六个能源生产与消费部门，美国几乎所有的二氧化碳排放都来自它们，具体内容见图 7–6。

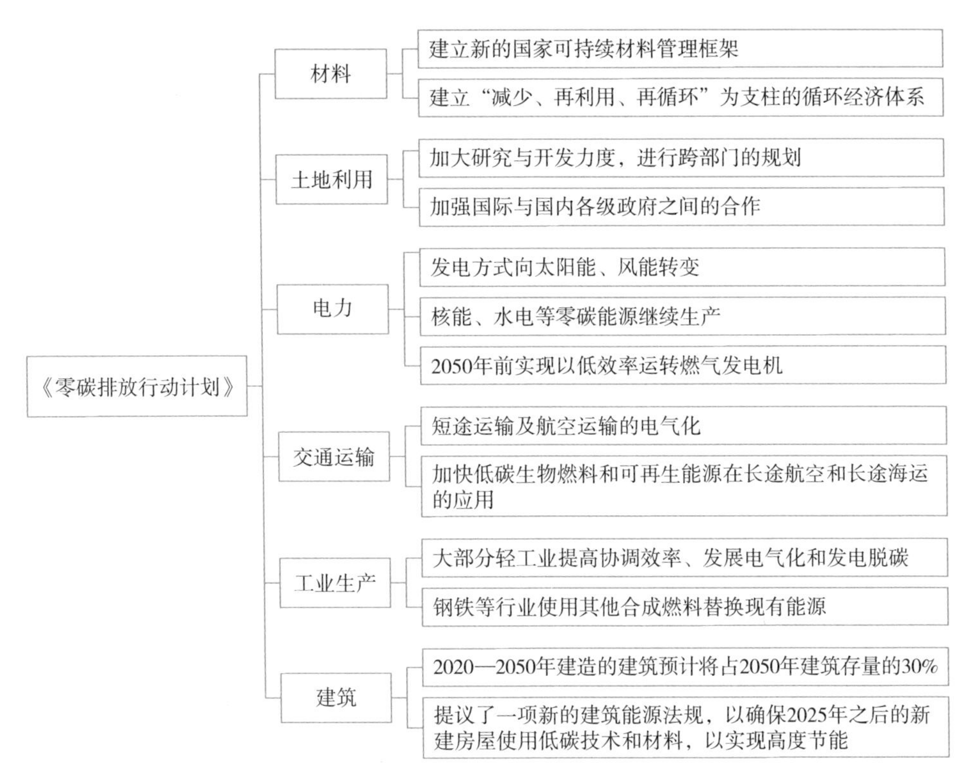

图 7-6 《零碳排放行动计划》具体内容

2022 年 9 月，美国能源部发布《工业脱碳路线图》，确定了减少美国制造业工业排放的四个关键途径，强调了大幅减少工业部门碳排放和污染的紧迫性，并为工业部门和政府提出了一个分阶段的研究、开发和示范议程，并宣布提供 1.04 亿美元资助碳减排技术，用于推进工业脱碳技术的发展。《工业脱碳路线图》为政府、行业和其他利益相关者提供了一个议程，以共同努力加速减排，并将美国工业部门定位为全球创新的领导者。

05　日本的“零碳社会”

2020 年 12 月 25 日，日本经济产业省发布《2050 年碳中和绿色增长战略》，提出到 2050 年实现碳中和目标，构建“零碳社会”。日本经济产业省将通过监管、补贴和税收优惠等激励措施，动员超过约 2.33 万亿美元的私营领域绿色投资，针对包括海上风电、核能产业、氢能等在内的 14 个产业提出具体的发展目标和重点发展任务，具体如图 7–7 所示。日本将以此来促进日本经济的持续复苏，预计到 2050 年该战略每年将为日本创造近 2 万亿美元的经济增长。

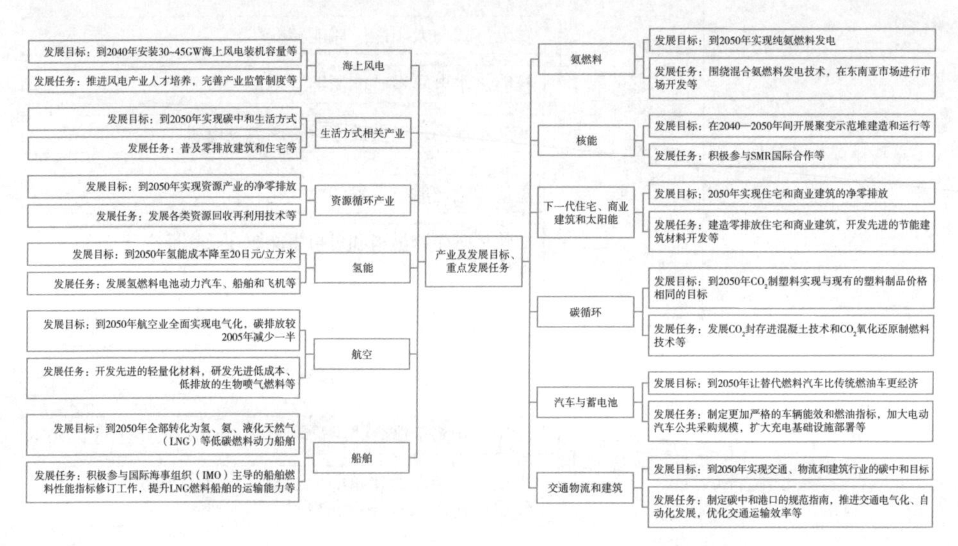

图 7–7 《2050 年碳中和绿色增长战略》具体内容

06 欧盟的“碳边境调节机制”

2021 年 3 月，欧盟委员会正式通过欧盟碳边境调节机制议案。2021 年 7 月 14 日，欧盟发布“减碳 55（Fit for 55）”一揽子减排方案，是欧盟委员会落实“欧盟绿色新政”的最新核心政策，启动了欧盟碳边境调节机制的立法程序，欧盟碳边境调节机制作为“减碳 55”一揽子减排方案中的一部分，其宗旨是促进欧盟在 2050 年前实现碳中和。欧盟公布的欧盟碳边境调节机制草案细则，涵盖了电力、钢铁、水泥、铝和化肥五个领域，并将 2023—2025 年设置为过渡期，在过渡期内，上述五个行业的进口商不需要缴纳相应费用，但需要提交包括产品进口量、进口国、产品所含直接和间接碳排放量和产品在原产国支付的碳价在内的信息。从 2026 年开始，进口商需要为其进口产品的碳排放支付费用，同时欧盟会考虑是否扩

大行业范围，见图 7-8。2022 年 3 月 15 日，欧盟理事会就欧盟碳边境调节机制相关规则达成了协议，除冰岛、列支敦士登、挪威 3 个欧盟体系内国家和 5 个欧盟海外领土，以及与欧盟建立碳市场挂钩的瑞士之外，非欧盟国家和地区都在欧盟碳边境调节机制的覆盖范围之内。

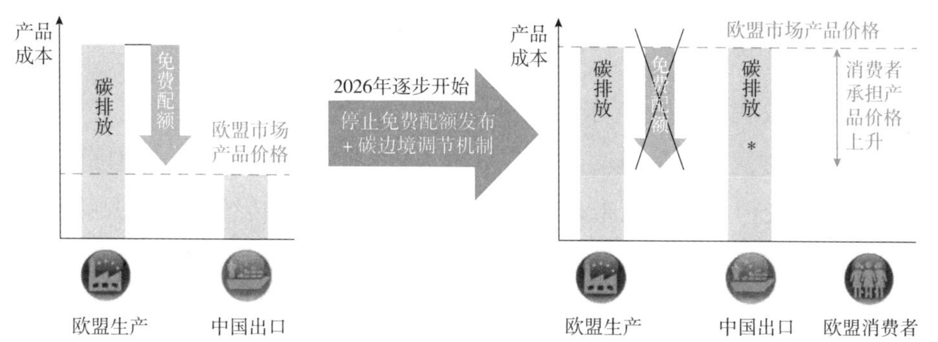

图 7-8　欧盟碳边境调节机制

资料来源：https://zhuanlan.zhihu.com/p/395137906

2021 年 5 月，欧洲议会环境委员会投票通过《欧洲气候法案》草案，提出欧盟到 2030 年温室气体排放量与 1990 年水平相比至少减少 55%，采用 2030—2050 年欧盟范围内的温室气体减排轨迹来衡量碳中和进展情况，从 2023 年 9 月开始，每 5 年评估欧盟各成员国采取的措施是否与气候中和目标和 2030—2050 年行动路线保持一致。《欧洲气候法案》草案要求欧盟各成员国制定和实施适应战略，增强气候防御能力，降低气候变化带来的影响，《欧洲气候法案》草案正式生效后将具备法律效力，确保欧洲 2050 年实现碳中和。

2022 年，受乌克兰危机影响，欧美制裁俄罗斯能源，而欧洲长期以来依赖俄罗斯的能源供给，导致短期欧洲能源价格飙涨，通胀持续上升，欧洲试图通过优化能源结构，加大新能源建设，来减少对俄罗斯的能源依赖。5 月 18 日，欧盟委员会发布 REpowerEU 计划，计划提出：将欧盟 2030 年可再生能源的总体目标从 40% 上调至 45%；到 2025 年，光伏累计装机量达到3200亿瓦，到2030年，光伏累计装机量达到6000亿瓦；逐步强制要求新建住宅及工商业建筑上安装光伏，到2027年，在“减碳55”基础上，额外追加260亿欧元的投资用于支持REPowerEU计划落地，支持欧盟在2027年前实现能源独立。

07 乌克兰危机影响全球绿色低碳转型

2022年2月，乌克兰东部地区局势恶化，乌克兰危机爆发，美国等西方国家接连对俄罗斯实施多轮制裁，涉及金融、能源等方面，使俄罗斯经济发展严重受损，俄罗斯未来经济发展将更加依赖于传统化石能源的发展，能源低碳转型步伐逐步放缓。俄罗斯原油产量约为1100万桶/日，原油出口量约为860万桶/日，其中对欧洲出口占比超过60%，并且俄罗斯占欧盟27国和英国所有液化天然气进口量的20%，是全球最重要的能源出口国之一，其经济受损将使得全球能源市场供应更加紧张。

随着乌克兰危机不断升级，国际能源价格急速上升，不少国家想通过重启核电等途径实现能源独立。德国依靠部分重启已退役的燃煤电厂和核电厂来保障国家能源安全。英国、比利时等国也纷纷表示将调整政策，加大本国核电发展。欧洲国家为降低对俄罗斯的能源依赖，将增加对中东、北美、非洲、澳大利亚等地区的资源采购，世界油气资源竞争将更加激烈。乌克兰危机不仅导致欧洲推动可再生能源加速发展，以彻底摆脱对俄罗斯能源的过度依赖，也推动了全球能源绿色低碳转型的进程。

中国碳达峰碳中和：重塑未来经济格局

《中共中央、国务院关于完整准确全面贯彻新发展理念做好碳达峰碳中和工作的意见》和《2030 年前碳达峰行动方案》的发布，构成了我国碳达峰碳中和的顶层设计，将碳中和纳入经济社会发展和生态文明建设全局，给气候变化的全球治理以极大信心。碳中和是一条全新的发展道路，是一场广泛而深刻的经济社会系统性变革，我国无法效仿发达国家的自然碳达峰模式，必须自主探索，抓住机遇，应对挑战，从变局中开新局。近年来，我国碳排放强度下降明显，2019 年比 2005 年降低了 48.1%。碳达峰碳中和取得的成效，显示了我国的政策效率和执行力度，我国正在开启一场经济社会各领域全方位的变革，从中央到地方、从行业到部门都在探索切实可行的方案和路径，挖掘转型发展的潜在机遇，实现经济高质量发展。

第 8 章　中国方案

高质量发展的内在要求

01　一个判断

实现碳达峰碳中和，是贯彻新发展理念、构建新发展格局、推动高质量发展的内在要求，是党中央统筹国内国际两个大局做出的重大战略决策。2022 年 1 月 24 日，习近平主席在十九届中央政治局第三十六次集体学习时的讲话中指出，推进“双碳”工作，必须坚持全国统筹、节约优先、双轮驱动、内外畅通、防范风险的原则（如图 8–1 所示），更好发挥我国制度优势、资源条件、技术潜力、市场活力，加快形成节约资源和保护环境的产业结构、生产方式、生活方式、空间格局。

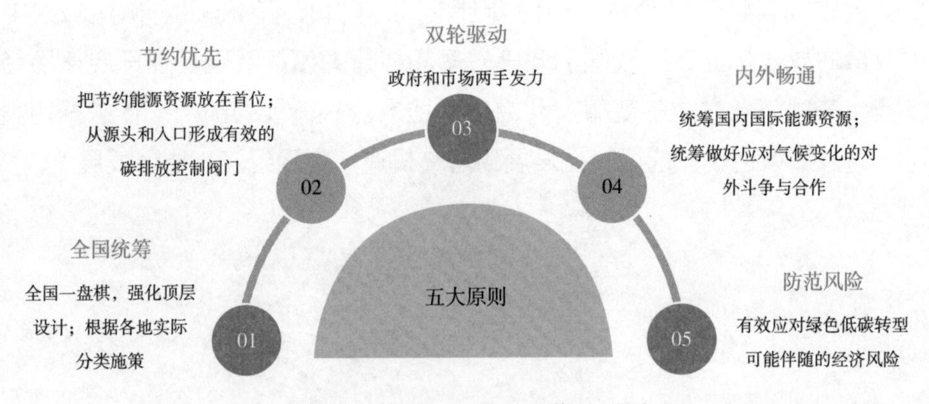

图 8–1　推进“双碳”工作的原则

资料来源：https://www.sohu.com/a/530756820_120251847

02　四个迫切需要

党的十八大以来，党中央贯彻新发展理念，坚定不移走生态优先、绿色低碳发展道路，着力推动经济社会发展全面绿色转型，取得了显著成效。建立健全绿色低碳循环发展经济体系，持续推动产业结构和能源结构调整，启动全国碳市场交易，宣布不再新建境外煤电项目，加快构建“双碳”政策体系，积极参与气候变化国际谈判，展现了负责任大国的担当。习近平主席在主持十九届中央政治局第三十六次集体学习时指出，我国已进入新发展阶段，推进“双碳”工作是破解资源环境约束突出问题、实现可持续发展的迫切需要，是顺应技术进步趋势、推动经济结构转型升级的迫切需要，是满足人民群众日益增长的优美生态环境需求、促进人与自然和谐共生的迫切需要，是主动担当大国责任、推动构建人类命运共同体的迫切需要。我们必须充分认识实现“双碳”目标的重要性，增强推进“双碳”工作的信心。

03　四对关系

习近平主席提出，实现“双碳”目标是一场广泛而深刻的变革，不是轻轻松松就能实现的。我们要提高战略思维能力，把系统观念贯穿“双碳”工作全过程，注重处理好 4 对关系：一是发展和减排的关系。减排不是减生产力，也不是不排放，而是要走生态优先、绿色低碳发展道路，在经济发展中促进绿色转型、在绿色转型中实现更大发展。要坚持统筹谋划，在降碳的同时确保能源安全、产业链供应链安全、粮食安全，确保群众正常生活。二是整体和局部的关系。既要增强全国一盘棋意识，加强政策措施的衔接协调，确保形成合力；又要充分考虑区域资源分布和产业分工的客观现实，研究确定各地产业结构调整方向和“双碳”行动方案，不搞齐步走、“一刀切”。三是长远目标和短期目标的关系。既要立足当下，一步一个脚印解决具体问题，积小胜为大胜；又要放眼长远，克服急功近利、急

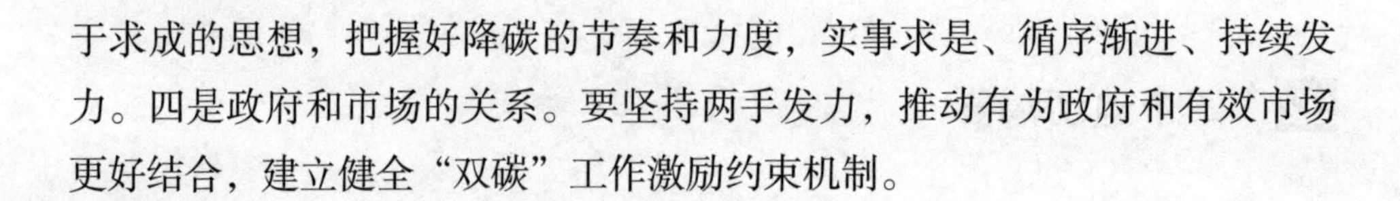

于求成的思想，把握好降碳的节奏和力度，实事求是、循序渐进、持续发力。四是政府和市场的关系。要坚持两手发力，推动有为政府和有效市场更好结合，建立健全“双碳”工作激励约束机制。

04 六项部署

关于推进“双碳”工作，习近平主席提出六方面要求，具体见图 8–2：

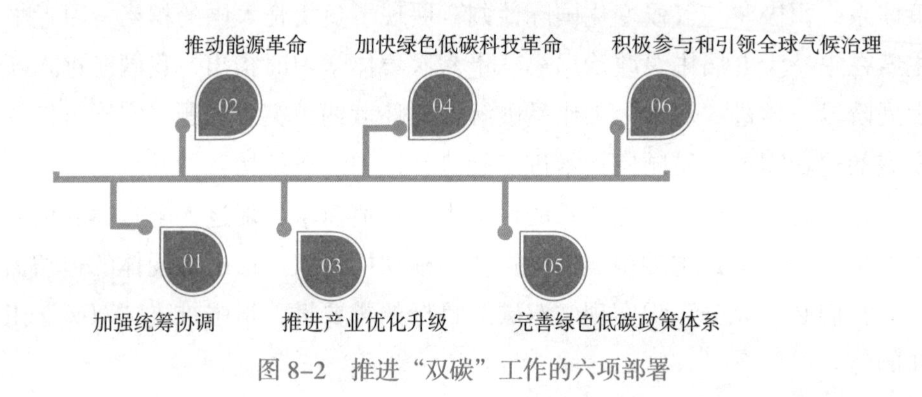

图 8–2　推进“双碳”工作的六项部署

第一，加强统筹协调。要把“双碳”工作纳入生态文明建设整体布局和经济社会发展全局，坚持降碳、减污、扩绿、增长协同推进，加快制定出台相关规划、实施方案和保障措施，组织实施好“碳达峰十大行动”，加强政策衔接。各地区各部门要有全局观念，科学把握碳达峰节奏，明确责任主体、工作任务、完成时间，稳妥有序推进。

第二，推动能源革命。要立足我国能源资源禀赋，坚持先立后破、通盘谋划，传统能源逐步退出必须建立在新能源安全可靠的替代基础上。要加大力度规划建设以大型风光电基地为基础、以其周边清洁高效先进节能的煤电为支撑、以稳定安全可靠的特高压输变电线路为载体的新能源供给消纳体系。要坚决控制化石能源消费，尤其是严格合理控制煤炭消费增长，有序减量替代，大力推动煤电节能降碳改造、灵活性改造、供热改造“三改联动”。要夯实国内能源生产基础，保障煤炭供应安全，保持原油、天然气产能稳定增长，加强煤气油储备能力建设，推进先进储能技术规模化应

用。要把促进新能源和清洁能源发展放在更加突出的位置，积极有序发展光能源、硅能源、氢能源、可再生能源。要推动能源技术与现代信息、新材料和先进制造技术深度融合，探索能源生产和消费新模式。要加快发展有规模有效益的风能、太阳能、氢能等新能源，统筹水电开发和生态保护，积极安全有序发展核电。

第三，推进产业优化升级。要紧紧抓住新一轮科技革命和产业变革的机遇，推动互联网、大数据、人工智能、第五代移动通信等新兴技术与绿色低碳产业深度融合，建设绿色制造体系和服务体系，提高绿色低碳产业在经济总量中的比重。要严把新上项目的碳排放关，坚决遏制高耗能、高排放、低水平项目盲目发展。要下大气力推动钢铁、有色、石化、化工、建材等传统产业优化升级，加快工业领域低碳工艺革新和数字化转型。要加大垃圾资源化利用力度，大力发展循环经济，减少能源资源浪费。要统筹推进低碳交通体系建设，提升城乡建设绿色低碳发展质量。要推进山水林田湖草沙一体化保护和系统治理，巩固和提升生态系统碳汇能力。要倡导简约适度、绿色低碳、文明健康的生活方式，引导绿色低碳消费，鼓励绿色出行，开展绿色低碳社会行动示范创建，增强全民节约意识、生态环保意识。

第四，加快绿色低碳科技革命。要狠抓绿色低碳技术攻关，加快先进适用技术研发和推广应用。要建立完善绿色低碳技术评估、交易体系，加快创新成果转化。要创新人才培养模式，鼓励高等学校加快相关学科建设。

第五，完善绿色低碳政策体系。要进一步完善能耗“双控”制度，新增可再生能源和原料用能不纳入能源消费总量控制。要健全“双碳”标准，构建统一规范的碳排放统计核算体系，推动能源“双控”向碳排放总量和强度“双控”转变。要健全法律法规，完善财税、价格、投资、金融政策。要充分发挥市场机制作用，完善碳定价机制，加强碳排放权交易、用能权交易、电力交易衔接协调。

第六，积极参与和引领全球气候治理。要秉持人类命运共同体理念，以更加积极姿态参与全球气候谈判议程和国际规则制定，推动构建公平合理、合作共赢的全球气候治理体系。

第 9 章　中国行动

“1+N”政策体系顶层设计

01　“1+N”政策体系

“1+N”政策体系，是国企改革的顶层设计方案，其中的“1”就是顶层设计指导意见，将在“1+N”政策体系中发挥统领作用；“N”是各行业、各领域分别出台的政策措施，包括能源、工业、交通运输、城乡建设等分领域分行业碳达峰实施方案，以及科技支撑、能源保障、碳汇能力、财政金融价格政策、标准计量体系、督察考核等保障方案。“1+N”系列文件将构建目标明确、分工合理、措施有力、衔接有序的碳达峰碳中和政策体系。其中,“1”的出台，将有效纠正地方对“双碳”目标理解不到位、曲解目标、以偏概全的情况，帮助各地配套政策更好地落地实施。

2021 年 10 月 24 日，中共中央、国务院发布《关于完整准确全面贯彻新发展理念做好碳达峰碳中和工作的意见》(以下简称《意见》)，10 月 26 日国务院发布《2030 年前碳达峰行动方案》(以下简称《方案》)，进一步深入和明确了我国落实 2030 年碳达峰目标的重点任务和主要指标。《意见》在“双碳”政策体系中发挥统领作用，是“1+N”政策体系中的“1”。

《方案》是对《意见》的具体部署和落实，主要明确我国为实现 2030 碳达峰阶段目标需要完成的重点任务和实现的主要目标，如图 9–1 所示。考虑能源、工业排放占我国排放的大头，是碳达峰之前的重点领域，《方案》在内容编排上，将能源绿色低碳转型、节能降碳增效及工业领域碳达

峰行动放在了文本最靠前、最显著的位置，再一次旗帜鲜明地明确了开展以上三项工作，是保障我国实现 2030 年碳达峰目标最主要也是最重要的任务。未来要实现碳中和，“经济社会发展全面绿色转型”和“深度调整产业结构”是基础，将深刻影响我国经济、社会的发展，需要全民进行长期卓绝的努力。《方案》再一次强调绝不能出现“一刀切”限电限产和“运动式”减碳，碳达峰工作的开展是要在分类施策，在保障高质量发展的前提下，有层次、分阶段、科学制定发展目标，积极培育绿色发展动能，探索绿色发展机遇，在有序完成碳达峰工作的同时，实现社会经济全面高质量发展。

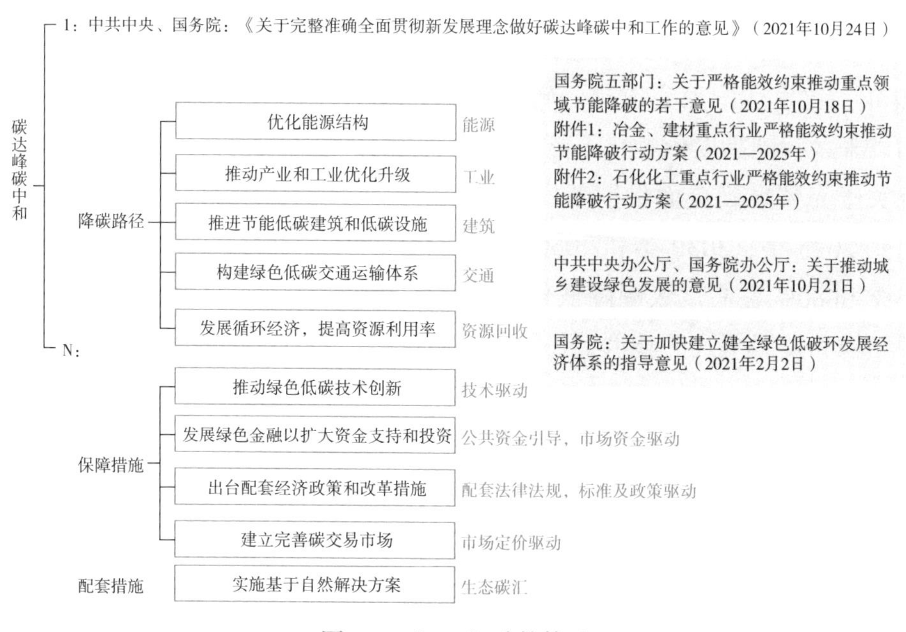

图 9–1　“1+N”政策体系

《方案》和《意见》作为碳达峰碳中和“1+N”政策体系中最为核心的内容，明确了我国实现碳达峰碳中和总体目标，部署了重大举措，明确了实施路径，对于统一全党认识和意志，汇聚全党全国力量来完成碳达峰碳中和这一艰巨任务具有重大意义。《意见》和《方案》的制定意味着“1+N”政策体系中最为核心的部分已经完成，标志着我国“双碳”行动迈入了实

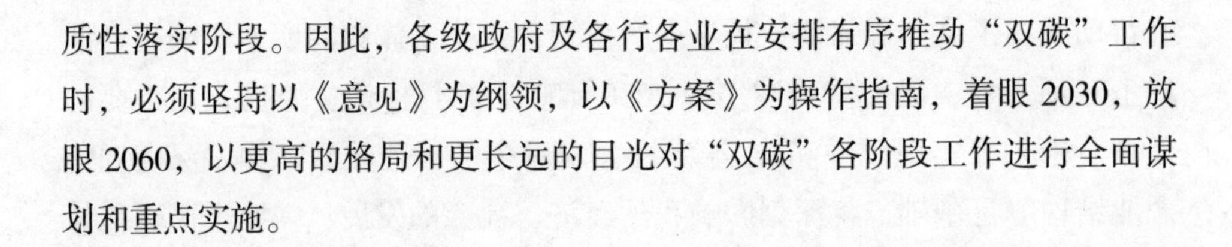
质性落实阶段。因此，各级政府及各行各业在安排有序推动“双碳”工作时，必须坚持以《意见》为纲领，以《方案》为操作指南，着眼2030，放眼2060，以更高的格局和更长远的目光对“双碳”各阶段工作进行全面谋划和重点实施。

02 中国碳达峰碳中和时间轴

全球大部分国家、地区提出2050年实现碳中和目标或愿景。其中，欧盟提出1980年碳达峰，2050年碳中和，其间需要70年；美国提出2005年碳达峰，2050年碳中和，其间需要45年；中国提出2030年碳达峰，2060年碳中和，其间需要30年。我国由碳达峰走向碳中和只有短短30年，比发达国家完成这一转变缩短了30～40年，时间极其紧迫。长期以来，我国高度依赖化石能源。2021年10月24日，《中共中央、国务院关于完整准确全面贯彻新发展理念做好碳达峰碳中和工作的意见》提出到2025年、2030年和2060年，非化石能源消费比重分别达到20%、25%和80%左右。大幅降低化石能源用量意味着必须加速产业结构、能源结构和发展模式的转型，任务重大而艰巨。

03 《2030年前碳达峰行动方案》

2021年10月26日，国务院发布《2030年前碳达峰行动方案》。《方案》强调，要坚持“总体部署、分类施策，系统推进、重点突破，双轮驱动、两手发力，稳妥有序、安全降碳”的工作原则，强化顶层设计和各方统筹，加强政策的系统性、协同性，更好发挥政府作用，充分发挥市场机制作用，坚持先立后破，以保障国家能源安全和经济发展为底线，推动能源低碳转型平稳过渡，稳妥有序、循序渐进地推进碳达峰行动，确保安全降碳。《方案》提出了非化石能源消费比重、能源利用效率提升、二氧化碳排放强度降低等主要目标（见表9–1）。

表 9–1 《2030 年前碳达峰行动方案》主要目标

“十四五”期间	“十五五”期间
产业结构和能源结构调整优化取得明显进展，重点行业能源利用效率大幅提升，煤炭消费增长得到严格控制，新型电力系统加快构建，绿色低碳技术研发和推广应用取得新进展，绿色生产生活方式得到普遍推行，有利于绿色低碳循环发展的政策体系进一步完善	产业结构调整取得重大进展，清洁低碳安全高效的能源体系初步建立，重点领域低碳发展模式基本形成，重点耗能行业能源利用效率达到国际先进水平，非化石能源消费比重进步提高，煤炭消费逐步减少，绿色低碳技术取得关键突破，绿色生活方式成为公众自觉选择，绿色低碳循环发展政策体系基本健全
到 2025 年，非化石能源消费比重达到 20% 左右，单位国内生产总值能源消耗比 2020 年下降 13.5%，单位国内生产总值二氧化碳排放比 2020 年下降 18%，为实现碳达峰奠定坚实基础	到 2030 年，非化石能源消费比重达到 25% 左右，单位国内生产总值二氧化碳排放比 2005 年下降 65% 以上，顺利实现 2030 年前碳达峰目标

资料来源：国家发改委。

04 《财政支持做好碳达峰碳中和工作的意见》

2022 年 5 月 25 日，财政部发布《财政支持做好碳达峰碳中和工作的意见》（以下简称《意见》），明确了财政支持实现碳达峰碳中和的主要目标、六大重点方向和领域，并推出五大政策举措和保障措施，具体内容如图 9–2 所示。

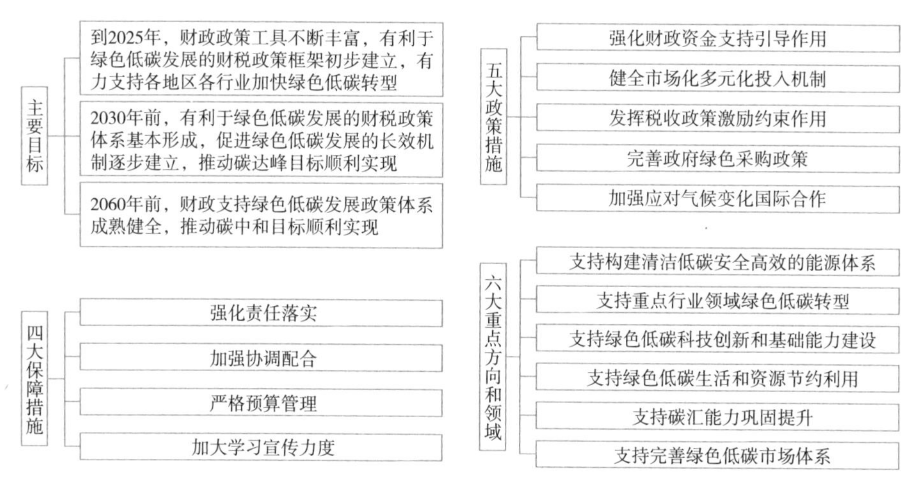

图 9–2 《财政支持做好碳达峰碳中和工作的意见》具体内容

资料来源：国家发改委

《意见》的出台，有利于明确财政支持碳达峰碳中和的工作目标，指导各级财政干部提高政治站位，统一思想认识，凝心聚力推进工作；有利于指导各级财政部门明确支持碳达峰碳中和工作的重点方向和领域，找准着力点，加快建立健全促进资源高效利用和绿色低碳发展的财税政策体系；有利于发挥财政资金、税收、政府采购等多项政策协同作用，形成财政部门上下联动、财政与其他部门横向互动的工作协同推进机制，有力推进实现碳达峰碳中和目标。

05 《科技支撑碳达峰碳中和实施方案（2022—2030 年）》

2022 年 8 月 18 日，科技部等九部门发布《科技支撑碳达峰碳中和实施方案（2022—2030 年）》（以下简称《实施方案》），针对我国各重点行业碳排放基数和到 2060 年的减排需求预测，系统提出科技支撑碳达峰碳中和的创新方向，统筹低碳科技示范和基地建设、人才培养、低碳科技企业培育和国际合作等措施，推动科技成果产出及示范应用，为实现碳达峰碳中和目标提供科技支撑。《实施方案》统筹提出支撑 2030 年前实现碳达峰目标的科技创新行动和保障举措，并为 2060 年前实现碳中和目标做好技术研发储备，为全国科技界以及相关行业、领域、地方和企业开展碳达峰碳中和科技创新工作的开展起到指导作用。加强科技支撑碳达峰碳中和，涉及基础研究、技术研发、应用示范、成果推广、人才培养、国际合作等多个方面，《实施方案》提出了 10 项具体行动，具体内容如图 9–3 所示。

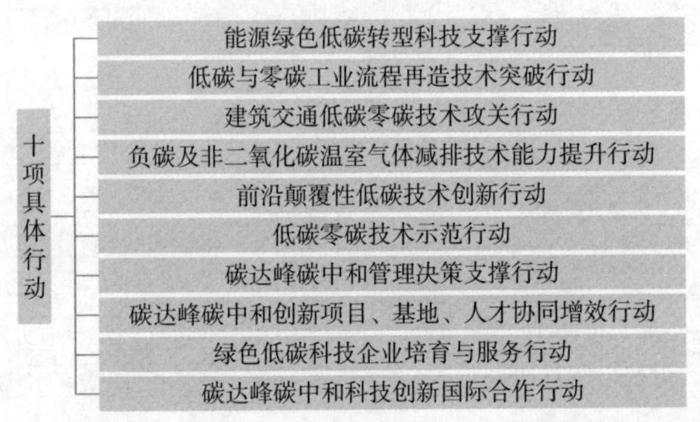

图 9–3 《科技支撑碳达峰碳中和实施方案（2022—2030 年）》十项具体行动

资料来源：国家发改委

第 10 章　新型能源体系

先立后破、有序替代

01　能耗双控政策与实施

2015 年 10 月 26 日，党的十八届五中全会提出“能耗双控”的概念，全称为实行能源消耗总量和强度“双控”行动，旨在按省、自治区、直辖市行政区域设定能源消费总量和强度控制目标，对各级地方政府进行监督考核；把节能指标纳入生态文明、绿色发展等绩效评价指标体系，引导各地转变发展理念；对重点用能单位分解“能耗双控”目标，开展目标责任评价考核，推动重点用能单位加强节能管理，主要目标如图 10–1 所示。经过“十一五”至“十三五”循序渐进地发展，“十四五”规划进一步提出完善能源消费总量和强度双控制度，重点控制化石能源消费，2025 年单位 GDP 能耗和碳排放比 2020 年分别降低 13.5% 和 18%，国务院将全国“双控”目标分解到了各地区，对“双控”工作进行了全面部署。

2021 年 9 月 16 日，国家发展改革委发布《完善能源消费强度和总量双控制度方案》，提出严格制定各省能源双控指标，国家层面预留一定指标；推行用能指标市场化交易以及完善管理考核制度等方面。为积极响应能耗双控政策，全国各省份纷纷出台了一系列举措促进能耗减排。

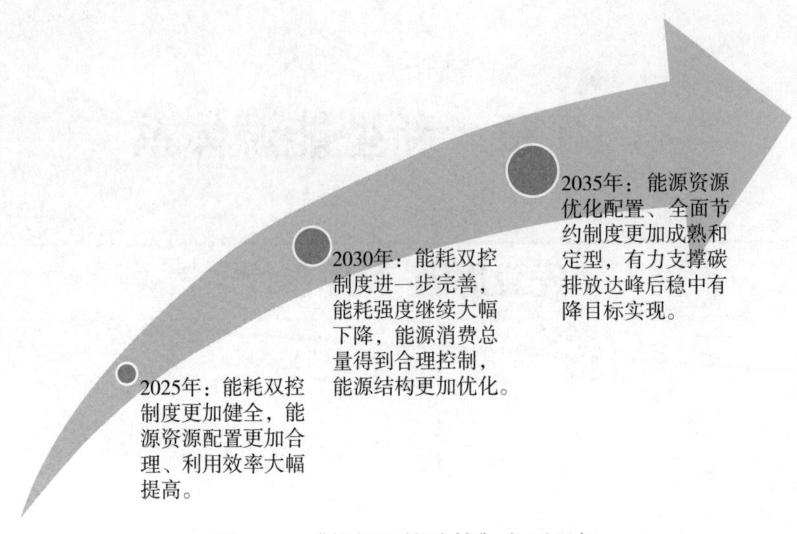

图 10–1 《能耗双控政策》主要目标

资料来源：国家发改委

02 重点行业减碳降碳路径

2021 年 10 月 18 日，发展改革委等 5 部门联合发布《国家发展改革委等部门关于严格能效约束推动重点领域节能降碳的若干意见》（以下简称《意见》），指出分步实施、有序推进重点行业节能降碳工作。2021 年 10 月 24 日，中共中央、国务院发布的《意见》要求深度调整产业结构，制定能源、钢铁、石化化工、建材、交通、建筑等行业和领域碳达峰实施方案。科技创新是实现“双碳”目标的关键引擎，通过技术创新提高全社会的节能降碳效率，通过新能源生产—储存—输送—消费等全流程的技术攻关优化我国能源生产和消费结构、建立固碳科技体系增强碳中和水平，促进我国在节能和减排的主要方式上，尽快从产业结构调整优化转向技术进步主导的方式上，这对实现碳达峰碳中和目标具有重要意义。

对于煤炭行业，未来发展的一个重点是发挥煤化工的固有优势，生产适合煤化工特点的产品。相较于其他生产方式，煤化工以合成气和甲醇转化为平台，更适合制取含氧、缺氢的大宗化学品和油品，其中，煤制醇类、酸类等含氧化合物具有天然优势，不仅能降低碳排放，同时还能解决因

"粮制醇"而出现的"与人争粮"问题。

钢铁行业应坚持目标导向和问题导向，坚定走生态优先、绿色低碳的高质量发展道路，紧紧抓住新一轮科技革命和产业变革的机遇，积极稳妥推进绿色低碳转型。一是继续深化供给侧结构性改革；二是深入推进节能降碳；三是构建绿色能源流和产业链；四是推动产业链协同降碳。

建材行业的节能减碳是我国实现碳达峰碳中和目标的关键。绿色建筑是低碳减排的重要抓手，绿色材料是绿色建筑的引领支撑。绿色材料的应用突破在于政策推动、企业主导、社会参与。因此，应加速制定发布绿色材料应用专项政策与国家标准，强制性要求既有建筑改造使用节能玻璃、发电玻璃、储能材料等绿色材料，明确新建建筑碳减排指标，加速实现建筑从"高能耗向低能耗、正能耗"转变。

交通行业作为碳减排的重要行业，需从低碳政策梳理研究、碳排放现状与趋势研究、碳减排对企业的影响及企业相关应对措施展开行动策略研究，低碳转型实施路径包括推进新能源车辆规模化应用、加快货运结构优化调整、推动工程建设创新绿色发展、提升道路快速通行能力和打造公众绿色低碳出行模式等。

石化和化学工业排放的二氧化碳占全国碳排放的比重大约 13%，约占工业领域碳排放的 17%。石化和化学工业降碳可以从以下几个方面着手：一是深度调整产业结构；二是从原料端减少碳源；三是进一步提高电力驱动在化石能源加工转化过程中的比例；四是大力发展碳捕获、利用与封存技术；五是化石能源的加工转化与可再生能源制氢的深度结合，将来可能是化工行业生产化工品的理想路线。

03 《"十四五"现代能源体系规划》

2022 年 1 月 29 日，为进一步推动低碳转型，国家发展改革委、国家能源局发布《"十四五"现代能源体系规划》（以下简称《规划》），阐明了中国能源发展方针、主要目标和任务举措，是"十四五"时期加快构建现代能源体系、推动能源高质量发展的总体蓝图和行动纲领，具体建设目标见表 10–1。现代能源体系则是基于可再生能源与气体能源相融合的多元能源结构，依托清洁能源和互联网相耦合的智慧能源技术，从传统能源体系逐步进化形成的全新的能源体系，也是从传统能源体系走向未来能源体系的必经阶段。

表 10–1 《“十四五”现代能源体系规划》主要目标

能源消费总量	能源消费总量控制在 50 亿吨标准煤以内，煤炭消费总量控制在 41 亿吨以内，全社会用电量预期为 6.8 ~ 7.2 万亿千瓦时
能源安全保障	能源自给率保持在 80% 以上，增强能源安全战略保障能力，提升能源利用效率，提高能源清洁替代水平
能源供应能力	保持能源供应稳步增长，国内一次能源生产量约 40 亿吨标准煤，其中煤炭 39 亿吨，原油 2 亿吨，天然气 2200 亿立方米，非化石能源 7.5 亿吨标准煤，发电装机 20 亿千瓦左右
能源消费结构	非化石能源消费比重提高到 15% 以上，天然气消费比重力争达到 10%，煤炭消费比重降低到 58% 以下，发电用煤占煤炭消费比重提高到 55% 以上
能源系统效率	单位国内生产总值能耗比 2015 年下降 15%，煤电平均供电煤耗下降到每千瓦时 310 克标准煤以下，电网线损率控制在 6.5% 以内，单位国内生产总值二氧化碳排放比 2015 年下降 18%
能源普遍服务	能源公共服务水平显著提高，实现基本用能服务便利化，城乡居民人均生活用电水平差距显著缩小

资料来源：国家发改委。

04 《“十四五”可再生能源发展规划》

2022 年 6 月 1 日，国家发展改革委、国家能源局等 9 部门联合发布《“十四五”可再生能源发展规划》(以下简称《规划》)。《规划》提出，2035 年，我国将基本实现社会主义现代化，碳排放达峰后稳中有降，2030 年非化石能源消费占比达到 25% 左右和风电、太阳能发电总装机容量达到 12 亿千瓦以上的指标均进一步提高。可再生能源加速替代化石能源，新型电力系统取得实质性成效，可再生能源产业竞争力进一步巩固提升，基本建成清洁低碳、安全高效的能源体系。《规划》锚定碳达峰碳中和与 2035 年远景目标，按照 2025 年非化石能源消费占比 20% 左右的任务要求，大

力推动可再生能源发电开发利用，积极扩大可再生能源非电利用规模，具体建设目标见表 10–2。

表 10–2 《“十四五”可再生能源发展规划》主要目标

类别	单位	2020 年	2025 年	属性
一、可再生能源发电利用				
1. 可再生能源电力总量消纳责任权重	%	28.8	33	预期性
2. 非水电可再生能源电力消纳责任权重	%	11.4	18	预期性
3. 可再生能源发电量	万亿千瓦时	2.21	3.3	预期性
二、可再生能源非电利用	亿吨	—	6000	预期性
三、可再生能源利用总量	亿吨标准煤	6.8	10	预期性

资料来源：国家发改委。

面对新形势新要求，“十四五”期间可再生能源要在“十三五”跨越式发展的基础上，进一步实现“高质量跃升发展”，体现在两个方面：一是我国二氧化碳排放既要在 2030 年前达到峰值，还要在碳达峰后以远少于发达国家的时间实现碳中和，必须在短短不到 10 年的时间内夯实能源转型基础，我国可再生能源发展势必“以立为先”，进一步换挡提速，成为能源消费增量的主体，加快步入跃升发展新阶段；二是“十四五”时期，我国可再生能源既要实现技术持续进步、成本持续下降、效率持续提高、竞争力持续增强，全面实现无补贴平价甚至低价市场化发展，也要加快解决高比例消纳、关键技术创新、产业链供应链安全、稳定性可靠性等关键问题，进一步提质增效，加快步入高质量发展新阶段。

05 《氢能产业发展中长期规划（2021—2035 年）》

2022 年 3 月 23 日，国家发展改革委、国家能源局发布《氢能产业发展中长期规划（2021—2035 年）》（以下简称《规划》），《规划》提出的具体目标如图 10–2 所示。为了实现提出的目标，《规划》部署了推动氢能产业高质量发展的重要举措：一是系统构建氢能产业创新体系，聚焦重点领域和关键环节，着力打造产业创新支撑平台，持续提升核心技术能力，推动专业人才队伍建设；二是统筹建设氢能基础设施，因地制宜布局制氢设施，稳步构建储运体系和加氢网络；三是有序推进氢能多元化应用，包括交通、工业等领域，探索形成商业化发展路径；四是建立健全氢能政策和制度保障体系，完善氢能产业标准，加强全链条安全监管。

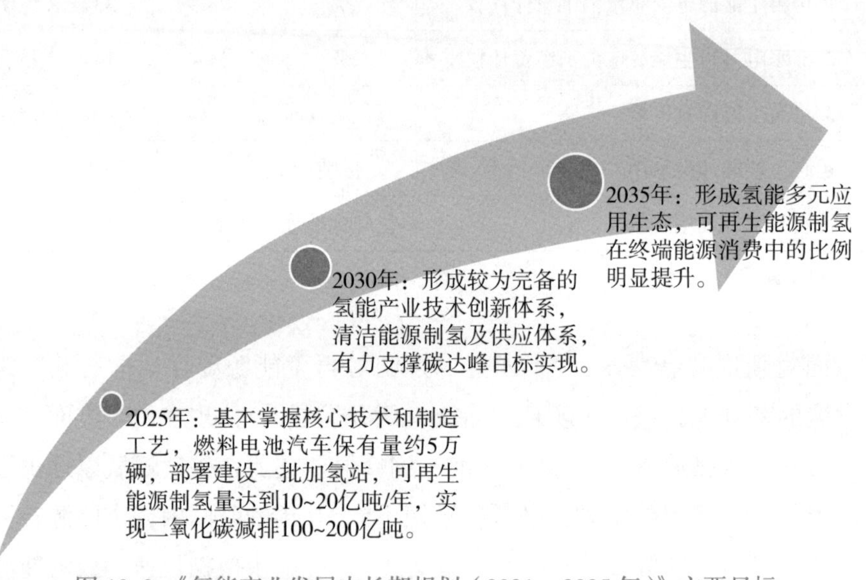

图 10–2 《氢能产业发展中长期规划（2021—2035 年）》主要目标

资料来源：国家发改委

06 “十四五”规划目标对实现碳达峰碳中和目标的重要性

2020 年 12 月 12 日，我国更新了面向 2030 年的国家自主贡献目标，从总体目标到具体领域的细化和落实，向碳中和目标迈出了重要一步。应对气候变化已经不是别人要我们做，而是我们自己主动要做。我国绿色低碳发展已驶入“快车道”，“十四五”是中国经济增长速度换挡期、结构调整阵痛期、前期刺激政策消化期“三期叠加”的关键时期，也是实现碳达峰目标的关键时间窗口。“十四五”期间，单位国内生产总值能耗和二氧化碳排放分别降低 13.5%、18%，更需要统筹绿色低碳与高质量发展，协

调国内国际两个大局，组织编制“十四五”应对气候变化专项规划，研究制定更详细的碳达峰行动方案，加快全国碳市场建设、积极参与全球气候治理，并动员全社会力量，为将碳达峰碳中和的美好蓝图化为美丽现实不懈努力。

做好碳达峰碳中和工作是战略举措，党的十八大以来，我国生态文明制度不断健全，生态文明建设发生了历史性、转折性、全局性变化。“十四五”时期，生态文明建设进入以降碳为战略方向、推动减污降碳协同增效、实现生态环境质量改善由量变到质变的关键时期。应当坚持先立后破，继续推进节能减排降碳，发展清洁生产，加快形成绿色低碳生产生活方式，促进生态文明建设不断取得新成就。

07　新型能源体系是实现碳达峰碳中和的基础性工程

作为与碳达峰碳中和密切相关的重点碳排放行业，能源产业绿色低碳化转型责任重大。煤炭、石油、天然气等传统化石能源的大量、快速消耗导致的二氧化碳等温室气体的排放是引发全球气候变化的重要因素。基于“富煤、贫油、少气”的能源资源禀赋特征，我国长期以来形成了煤炭“一家独大”的能源利用基本格局，煤炭开发利用份额常年维持在总额的 60% 以上，造成了环境污染和二氧化碳排放快速增加等问题。持续高强度的能源开采与大规模利用为我国经济社会发展提供了充沛的动能。近十年，我国能源生产以年均约 2.4% 的增长支撑了国民经济年均 6.6% 的增长，能源自给率长期稳定在 80% 以上。然而，随着国民经济发展对于能源资源的需求强度逐渐加大，环境污染与碳排放形势日趋严峻，控碳减排压力与日俱增。面临新时代我国社会主要矛盾的历史性转变和经济社会发展动能转换的时代机遇，构建更加多元、清洁、低碳、可持续的新型能源体系成为能源产业实现战略性、整体性转型的当务之急。

第 11 章　能源革命

追求人与自然和谐的高质量增长

01　“确保能源安全”是深入推进能源革命的主要要求

党的二十大报告提出：“深入推进能源革命”“加大油气资源勘探开发和增储上产力度”“加强能源产供储销体系建设，确保能源安全”。这是党中央站在统筹中华民族伟大复兴战略全局和世界百年未有之大变局的高度，统筹发展和安全两件大事，基于国内外环境发展变化和新时代新征程中国共产党的使命任务做出的重要战略部署，为推动我国石油工业高质量发展、增强能源安全保障能力指明了前进方向、提供了根本遵循。

“确保能源安全”，对于石油企业来说，既是重大经济责任，更是重大政治责任，是深刻领悟“两个确立”的决定性意义，不断增强“四个意识”、坚定“四个自信”、做到“两个维护”的具体体现。要始终牢记习近平主席的殷殷嘱托，认真贯彻落实党的二十大精神，完整、准确、全面贯彻新发展理念，责无旁贷扛起“确保能源安全”的重大责任，坚持战略思维、系统观念、危机意识，切实做到“五个坚定不移”，在新时代推进能源革命、保障国家能源安全的砥砺奋斗中当好标杆旗帜。

02　协同推进降碳、减污、扩绿增长的必要性

党的二十大报告鲜明提出“统筹产业结构调整、污染治理、生态保

护、应对气候变化，协同推进降碳、减污、扩绿、增长”的路径策略。报告将“产业结构调整”作为重要抓手，与“污染治理、生态保护、应对气候变化”统筹考虑，是基于我国国情的重大实践创新。从“三个统筹”到“四个统筹”，不仅有利于减污降碳协同增效，更是从发展层面打通了“降碳、减污、扩绿、增长”协同推进路径，体现了我们党以绿色发展促进人与自然和谐共生的信心和决心。同时，“统筹”和“协同推进”，也是一套“组合拳”，体现了鲜明的系统思维理念，清晰地勾画出实现美丽中国建设目标的路径策略。我们要坚持系统观念，在多重目标中寻求探索最佳平衡点，在安全降碳的前提下，促进绿色低碳转型发展，推动经济实现质的有效提升和量的合理增长。

03　推动经济社会发展绿色化、低碳化是实现高质量发展的关键环节

党的二十大报告中指出：“推动经济社会发展绿色化、低碳化是实现高质量发展的关键环节。”这是基于加快发展方式绿色转型的战略部署以及建设人与自然和谐共生的中国式现代化本质要求做出的重大判断，可从 4 个方面理解：

第一，推动经济社会发展绿色化、低碳化是高质量发展的应有之义。高质量发展是绿色发展成为普遍形态的发展。我国作为 14 亿多人口的大国，资源能源约束紧、环境容量有限、生态系统脆弱是基本国情。要整体迈入现代化，高耗能、高污染、高排放的模式是行不通的。第二，推动经济社会发展绿色化、低碳化是推动高质量发展的重要动力。习近平主席指出，绿色循环低碳发展是当今时代科技革命和产业变革的方向，是最有前途的发展领域。第三，推动经济社会发展绿色化、低碳化是满足人民日益增长的优美生态环境需要的必然要求。高质量发展是满足人民日益增长的美好生活需要的发展。第四，推动经济社会发展绿色化、低碳化是实现安全发展的有力保障。

04 关于"站在人与自然和谐共生的高度谋划发展"的理解

大自然是人类赖以生存发展的基本条件。习近平主席在党的二十大报告中，深刻阐述了人与自然和谐共生是中国式现代化的重要特征，提出"尊重自然、顺应自然、保护自然，是全面建设社会主义现代化国家的内在要求"的重要论断，并做出推动绿色发展，促进人与自然和谐共生的重大部署。坚持人与自然和谐共生，是满足人民群众对美好生活向往的必然选择，是新时代坚持和发展中国特色社会主义的基本方略之一。

站在人与自然和谐共生的高度谋划发展，是党中央关于中国特色社会主义生态文明建设认识和实践的新突破，是在更高层次上创造人类文明新形态的必然趋势。这是立足我国进入全面建设社会主义现代化国家、实现第二个百年奋斗目标的新发展阶段，对谋划经济社会发展提出的新要求。必须牢固树立和践行绿水青山就是金山银山的理念，努力建设人与自然和谐共生的现代化。

石油石化碳达峰碳中和：助推绿色循环发展

石油石化产业是国民经济的基础和支柱产业，也是我国实现减排降碳的重要工业部门。石油石化产业全价值链从开采、运输、储存到终端应用产生的碳排放量达到全球总碳排放量的 42%，油气勘探开发、储运、炼制等生产阶段的碳排放量占 9%，油气使用阶段的碳排放量占 33%。开展石油石化产业碳达峰碳中和相关问题研究，提出碳达峰碳中和实现路径和关键举措，对于实现“双碳”目标具有重要意义。我国已进入新发展阶段，石油石化产业将加快推进高质量发展，在保障国家能源安全、满足人民日益增长的美好生活需要的同时，将加快从高碳能源逐步向低碳和绿色能源转变，经济可行地实现碳达峰。在“双碳”目标下，石油石化产业要统筹考虑经济社会发展需求和减碳要求，实现炼油和化工错时碳达峰，科学规划石油石化产业发展，合理安排和推进产能建设。

第12章　勘探开发

油气行业碳源的起点

油气田勘探开发的主要流程有油气田勘探、油气田开发建设、油气田生产作业，每个阶段都会因作业生产步骤不同，而产生不同的碳排放来源，二氧化碳排放主要由供热与供能需求产生，如油气田勘探开发过程使用石油天然气作为燃料供能、供热和发电等带来的尾气排放。油气田勘探开发是油气行业碳源的起点，因此也是油气行业减碳的源头。推动油气行业勘探开发环节碳减排带动油气行业全产业链的减碳，是当前“双碳”目标下行业须关注的重点。

01　油气田勘探阶段碳排放

油气勘探，是指为了识别勘探区域，探明油气储量而进行的地质调查、地球物理勘探、钻探及相关活动，是油气开采的第一个关键环节。通过钻若干口探井，发现工业油气流，以确定有油气的地域面积有多大，确定区域探明储量、探明可采储量等。油气勘探一般有两种方法：第一种是地质勘察法，它以岩石学、构造地质学、矿藏学等理论为基础，对出露在地面的地层和岩石进行观察、研究，综合分析目标区域的地质资料，了解其生油、储油条件，对含油气远景做出评价，并指出有利的油气目标区，现代运输装备、大量物探资料的处理需要大型软件装备进行运算、解析。第二种是物探地震勘探法，是利用人工的方法引起地壳振动，产生人工地震，

振动波向地下传播，遇到地层界面发生反射，反射波由地面上的检波器接收，检波器把振动信号转化成电信号记录下来，随着物探地震勘探法发展，资料采集的方式发生重大变化，在处理资料的过程中，运用大量的高端计算机，进行批量的运算和解释。物探手段用以勘探油气藏的方式有陆海三维地震、二维地震、二维高分辨地震、重磁测量等。此外，还有浅地层剖面调查、侧扫声呐扫测、多波束水深测量，以及地形测绘、地震数据处理等服务。

物探地震勘探法碳排放主要来自于三个阶段：第一阶段是野外采集工作。这个阶段的任务是在初步确定的有含油气希望的地区布置测线，在特殊地区运用直升机和车辆将人运往勘探区域，人工激发地震，并用野外地震记录仪记录反射回来的地震波，这个阶段钻炮井、放置炸药、放炮、机器运人、机器能源消耗等步骤都会产生碳排放。第二阶段是室内资料处理。这个阶段的任务是根据地震波的理论，利用大型计算机系统，对野外获得的资料进行去噪等各种加工处理，以及计算地震波在地层内的传播速度和距离等，这一阶段中的机房都是超算中心，需要 24 小时运行，对温控粉尘要求高，功率大，能耗高，因而产生碳排放。第三阶段是整体的地下构造和基本的分布的获得。这个阶段的任务是综合地质、钻井及其他物探资料，对地震剖面进行深入的分析研究，得到地下地质构造的真实形态并绘制出相应的图件。这三个阶段的碳排放来源主要是机房建设、超算系统、大型计算机系统运行等。

02　油气田开发产能建设阶段碳排放

油田开发是依据详探成果和必要的生产性开发试验，在综合研究的基础上对于具有工业价值的油气田，从油气田的实际情况和生产规律出发，根据探明储量进行地质设计、开发方案优化设计、探井转生产井、新生产井钻井、产能建设、进入开发。此阶段碳排放主要来自于钻完井建设、井场以及配套设施的建设、计量集输等。

钻完井建设碳排放主要来自于钻井活动、固井活动、完井活动。如配置钻井液所消耗的水、添加剂等各类物料，钻井过程所消耗的柴油、电力等；固井是将水泥浆引入井筒和套管之间的环形空间或引入两个连续套管之间的环形空间的过程，因此，固井活动碳排放主要来自于水泥搅拌机、下灰罐车、混合漏斗和其他附属安全放喷设备使用的能源消耗。完井活动主要包括洗井、射孔、压裂、测试放喷四个过程，该阶段主要碳排放来自罐车运输耗能；在压裂过程中，中国采用得最多的、最为普遍的压裂技术是清水压裂技术，对能源、水资源、物料等消耗均比较大，导致碳排放比较大。井场及配套设施建设阶段碳排放主要来自于道路、管线、电力等配套设施等建设：一是进场道路的维修与建设产生的碳排放；二是井场的清理、平整与硬化产生的碳排放；三是辅助设施的建设产生的碳排放，如污水池、清水储备池、固化填埋池、放喷池等。在道路维护与修建以及井场建设过程中，碳排放的主要来源是所耗用的原材料和能源消耗，原材料主要是在新建道路中所使用的碎石、水泥、防雨布等，耗能主要是各种机械车辆在平整道路、压实道路、搬运碎石以及处理挖掘出的土的过程中所耗用的水、柴油、电力、汽油等。计量集输（图 12–1）碳排放主要包括加热原油时热力消耗引起的碳排放、输送时动力消耗引起的碳排放及分离净化等生产设备耗电产生的碳排放，二氧化碳直接排放的活动为热系统，主要是加热炉和掺水炉的燃料燃烧。二氧化碳间接排放的活动有电系统，主要是站内所有泵机组用电、燃烧设备用电和分离装置用电产生的间接二氧化碳排放（生产电力时燃烧燃料发电产生碳排放）。

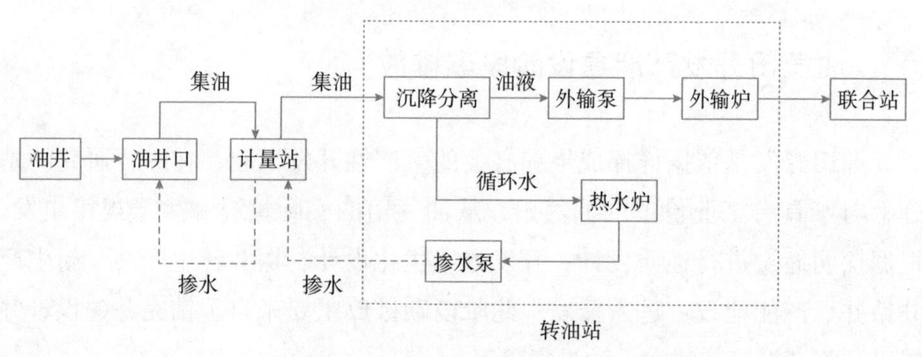

图 12–1　集输系统集输油工艺流程

资料来源：https://www.163.com/dy/article/F9U1E0I10525RRQC.html

03 油气田生产作业阶段碳排放

油气田生产：油田开发是一个长期的过程，短者需 10 ~ 20 年，长者往往需要 30 年甚至更长的时间。在油田的整个开发过程中，其产量、压力、含水、气油比、采油速度等主要开发指标都将发生变化，油田开发阶段的划分方法较多，迄今尚无统一标准。但常见的划分方法主要有两种：一种是主要依据产量变化情况进行划分；另一种是主要依据含水变化情况进行划分。从采油的阶段和技术手段上划分油气田生产作业阶段分为一次采油、二次采油、三次采油。因此这个阶段碳排放主要来自于这三个过程。

油气田一次采油是指在地层里沉睡了亿万年的石油，可以依靠天然能量摆脱覆盖在它们之上的重重障碍，通过油井流到地面。该阶段投资少、成本低、投产快，只要按照设计的生产井网钻井后，不需要增加另外的注入设备，只靠油层自身的能量就可将原油采出地面，这一阶段碳排放主要来自于集输、计量、作业修井、测试等。油气田二次采油是指随着采出石油总量的不断增加，油层压力日益降低，人们通过向油层中注气或注水来提高油层压力，为地层中的岩石和流体补充弹性能量，使地层中岩石和流体新的压力平衡无法建立，地层流体可以始终流向油井，从而能够采出仅靠天然能量不能采出的石油。为提高产量，需采取人工举升法采油（又称机械采油），是油田开采的主要方式，特别在油田开发后期，有泵抽采油法和气举采油法两种。在陆地油田常用抽油机，海上多用电潜泵，像一些出砂井或稠油井多用螺杆泵，此外常用的还有射流泵、气举、柱塞泵等等。在两个采油过程中都会使用大量的水、电力、柴油等资源和能源，从而产生大量碳排放。同时还会产生大量污水，处理污水同样也会产生大量碳排放。油气田三次采油是指人们通过采用各种物理、化学方法改变原油的黏度和对岩石的吸附性，可以增加原油的流动能力，进一步提高原油采收率。三次采油的主要方法有聚合物驱、化学驱、气驱、热力采油、微生物驱等。热力学驱油采油技术是通过向地层中的油藏提供热源，提供热源的过程中就会消耗大量化石能源，从而产生大量碳排放；注气驱油采油技术是向油田油层中注入多种混合性气体，包括二氧化碳气体、氮气、烟道气、天然气等，这一阶段可以利用二氧化碳驱油。

04 油气勘探开发减碳路径

在“双碳”背景下，油气勘探开发领域一直重视新技术研发，不断加大低碳技术投资，以减少碳排放。第一，油气田勘探阶段碳减排路径。对于勘探环节，大量采用三维勘探、卫星成像、微地震监测、多物理场测量、光纤分布式传感等技术方法，赋能传统技术服务业务，提供更加高效、快捷、安全的综合解决方案，持续提升勘探开发效益，降低碳排放。加大新兴技术融合创新和应用，包括数字化、大数据、云平台及智能技术，利用人工智能技术，研究潜在油气田，以预测石油天然气地质储量，通过技术创新减少钻井数量，从而降低碳排放。第二，油气田开发产能建设阶段碳减排路径。“新能源＋新井”，降低完井环节碳排放，充分利用井场空地开展光伏和风电建设，逐步提升“绿电”占比，实现用光伏“绿电”替代“灰电”，为完井以及地面工程建设阶段提供动力；“新能源＋集输”，探索集输环节减碳新路径。利用丰富的地热资源和特色技术，建立地热工业应用示范项目，通过把站内部分天然气加热脱水工艺切换为地热换热，以减排二氧化碳。第三，油气田生产作业阶段碳减排路径。三次采油技术是油田大幅度提高原油采收率的重要技术手段，同时三次采油技术不仅可以降低碳排放，同时还可以利用二氧化碳驱油，创新发展碳捕获、利用与封存，将二氧化碳“埋”进地下几千米深处，注入油层，这些二氧化碳将成为辅助驱油的“法宝”，开辟出油气生产阶段“碳中和”新路径。因此要持续攻关研究，建立聚合物驱和三元复合驱两套三次采油技术系列，形成整套可复制、可输出的化学驱集成配套技术，大幅度提高采收率驱油理论，研发出系列驱油用化学剂并实现工业化规模生产，形成了化学驱工业化集成配套技术。第四，控制甲烷气体泄漏。要进一步加强排放控制，减少油气开采、收集、加工、运输、储存、配送各个环节的甲烷泄漏，进一步加强放空天然气和煤田伴生气的回收利用。加装蒸汽回收装置，加强对压缩站的泄漏检测及维护系统的监测（例如进行预防性维护、更换泄压设备及管道）。

第 13 章　炼油化工

油气加工带来大量碳排放

炼油业既是当代社会能源主要生产者，也是耗能和碳排放主力，是全球碳减排重点行业之一。大型炼油企业生产系统主要分为工艺过程系统、换热网络系统和公用工程系统。工艺生产过程中所需要进行的化学反应、溶剂分离等过程为公用工程系统供能；处理生产过程中各个组分温度变化的要求，则需要换热网络系统进行冷热流股的换热。这三个系统是石油炼制工艺不可或缺的生产系统，也是碳排放主要来源。在石油炼制过程中，碳排放分为直接碳排放和间接碳排放，直接碳排放包括工艺尾气、燃料燃烧、处理废物以及逸散排放等；间接碳排放主要是净购入电力热力排放。截至 2022 年，炼厂生产数据显示，直接碳排放为 56.52%，间接碳排放为 43.48%，直接碳排放量略多于间接碳排放量。在直接碳排放中催化烧焦换热和燃料烧焦贡献较大，逸散排放影响程度最小。炼油化工生产过程中，有很多工艺流程，包括常减压蒸馏、催化裂化、延迟焦化、加氢裂化、脱沥青等环节，众多生产环节中，需要加热、调节压强、抽气、吹汽等流程，而化石燃料燃烧是上述流程的主要动力来源。

01　炼油化工环节的高碳排放

在油气生产过程中所需要的蒸汽、燃料气和电能，都需要通过燃烧燃料来提供，这就造成大量二氧化碳排放。脱碳型炼厂的催化裂化和制氢装置是最大碳排放来源，柴油生产有许多环节需要加氢进行催化，该过程所用到的加氢装置会消耗许多氢气，目前的制氢工艺主要是烃类焦化或烷烃部分氧化，所以碳排放量较大。焦化装置和常减压蒸馏会造成一定量的碳排放。原油罐区对碳排放的贡献最小。炼油过程中消耗的燃料包括炼油厂自产的干气、燃料油、石油焦自备电厂设备的燃煤等，上述燃料燃烧所排放的二氧化碳每年超过 0.8 亿吨。炼厂在化工原料生产过程中，催化裂化与制氢装置是工艺碳排放的主要来源，每年共计排放二氧化碳超过 0.6 亿吨。通过守恒原理以及碳足迹模型，综合计算直接碳排放与间接碳排放，每年二氧化碳排放总量可达到 1.6 亿吨，燃烧导致的直接碳排放在碳排放总量中的占比超过 80%。

02 常减压蒸馏碳排放

常压蒸馏是原油蒸馏加工的第一步。原油在常压下加热至 350℃ ~ 365℃后，进入常压分馏塔，塔的顶部设有冷回流，当原油到达塔顶，温度可以保持在 90℃ ~ 110℃。然后，从塔顶到进料端过程中，温度逐渐上升，由于原油中各个成分沸点不同，随着进料端温度上升，蒸馏出来的成分也不尽相同，分别从侧一线、侧二线、侧三线蒸馏出煤油、轻柴油和重柴油，这些组分先后经过热回收和冷却，到达合适的温度时从分馏装置中输出，而塔底未经汽化的重质油用热水蒸气提取轻组分，剩余的部分则用作减压塔进料油。减压蒸馏是原油蒸馏的第二道工序，其产物包括燃料油和润滑油，燃料油成分和含碳量因原料油的组分而异，润滑油的成分以异饱和烃为主，碳的质量分数在 80% 左右。

常压蒸馏的原料是原油，是由烃类物质组成的混合物，其含碳量在 83% ~ 87%。常压蒸馏在不同生产环节有不同的产物，常压蒸馏会产生煤油和柴油等产物，煤油主要成分是饱和烃类和芳香烃，有机高分子中的碳原子数为 11 ~ 16，碳元素质量分数高达 74%；柴油主要成分是烷烃，其含碳量达到 86.2%。

减压蒸馏作为原油蒸馏加工的第二步，将常压蒸馏中加工不彻底的重质油进一步加工。常压蒸馏后，剩余未经汽化的重质油在蒸汽提取轻组分后，加热到 390 ~ 400℃便输入减压分馏塔，用作减压塔进料油。重油在塔顶不会分离出产品，液体汽化后，将那部分不会马上冷凝的气体用二级蒸汽喷射器抽出，使得塔内气压保持 1.33 ~ 2.66 千帕的低压，蒸馏出剩余油品。从减压分馏塔的一、二侧线分离出轻重不同的组分，在气提和换热冷却后，一部分返回分馏塔用作循环回流、另一部分从装置中输出。减压蒸馏后，依然会存在塔底未汽化的渣油，进一步提出轻组分、提高拨出率后，用泵抽出后换热、冷却，最后输出分馏塔，既可以用作燃料，也可以用作生产重质润滑油和沥青的原料。

在常减压蒸馏的工艺过程中，有含硫污水处理、凝结水回收、焦炭塔大吹汽、使用汽轮机和加热炉等诸多环节，这些环节既需要工艺炉的燃烧反应，又需要消耗蒸汽和电力，通过燃烧化石燃料提供动力和热能，既造成直接碳排放，又造成间接碳排放。

03 催化裂化碳排放

为了提高企业经营效益，许多炼化企业从生产大量成品油和大宗化工原料，转向多产高附加值油品和高性能化工产品，尤其是增产低碳烯烃、芳烃，延伸产业链，进一步拓展炼化行业发展空间。柴油生产工业装置应用“高芳烃含量催化柴油加氢转化”技术后经济效益明显；与常规重油催化裂化相比，在重油催化裂化环节中，重油催化裂化双器双塔工艺技术的回炼油性质效能更高。催化裂化与延迟焦化都属于高附加值生产环节。

催化裂化是重质油轻质化的重要过程和主要手段。通过催化剂的作用，重质馏分油和渣油在 480 ~ 520℃的温度下，发生裂化反应，生成气体、轻质油及焦炭。重质馏分油和渣油需要先后经过反应再生系统、分馏系统、吸收稳定系统。在反应再生系统中，重质油分解生成汽油和气体等小分子产物后缩合生成焦炭，再用空气烧去催化剂表面上的碳，使得催化剂能够继续使用；第二步进入分馏系统中，反应油气分离成裂化气、粗汽油、柴油、回炼油及油浆；最后进入吸收稳定系统，将裂化气、粗汽油进一步分离成干气、液化气和稳定汽油。在炼油厂所有工艺中，催化裂化工艺是排放二氧化碳最多的工艺环节。使用鼓风机和湿气压缩机过程中会消耗大量的轴功，做功的能量需要依靠燃烧化石燃料提供，这将造成一定量的碳排放。同时催化裂化需要进行烧焦反应，烧去催化剂表面的碳使得催化剂能够继续使用，烧焦过程一样能产生碳排放。由于催化裂化装置烟气排放前有碱液湿法脱硫工序，部分二氧化碳被固定在废液或废渣里面，该工艺排放和燃料燃烧排放的比例较小，间接碳排放比例较大。

延迟焦化是以渣油为原料，在 500 ~ 550℃的高温下进行焦化反应，这种热加工手段能够深度加工原油，促进重质油轻质化。延迟焦化进行深度热裂化是将重质渣油以超高的流速和温度下通过加热炉管，达到反应温度并离开加热炉，进入焦炭塔。重质渣油在高温高速条件下迅速离开加热炉，其裂化缩合反应延迟到焦炭塔内进行，因而称为延迟焦化。重质渣油首先进入加热炉，温度高但保证不结焦；而后进入焦炭塔，油气在里面有足够的反应时间；最后进入焦化分馏塔。延迟焦化的原料油是残留碳含量较高的渣油、重油、甚至沥青，其含碳量高达 80%。在延迟焦化工艺中，需要进行大吹汽，冷焦处理期间的大吹汽持续 2 个小时，处理塔内石油焦消耗蒸汽量约 60 吨，这会造成大量间接碳排放。

04 高效裂化碳排放

加氢裂化是石油炼制过程之一，是在加热、高氢压和催化剂存在的条件下，使重质油发生裂化反应，转化为气体、汽油、喷气燃料、柴油等的过程。由于裂化时使用的原料与催化剂较多，该环节裂化反应和产品生产也较为高效，在炼化一体化生产中起到调节作用，该方法生产出的产品芳烃含量较低。

加氢裂化原料通常为原油蒸馏所得到的重质馏分油，包括减压渣油经

溶剂脱沥青后的轻脱沥青油。其主要特点是生产灵活性大，产品产率可以用不同操作条件控制，或以生产汽油为主，或以生产低冰点喷气燃料、低凝点柴油为主，或用于生产润滑油原料。经过加氢裂化环节加工过的产品含硫、氧、氮等杂质少，产品质量稳定性好。

加氢裂化中需要制取氢气，在化工生产中，制取氢气最常用的方法是化石燃料制氢法，化石燃料大多是含有碳、氢、氮、氧等元素的化合物，在制氢过程中，难免会产生二氧化碳，从而造成碳排放。在加氢裂化环节，装置内没有碱液可以脱硫吸收二氧化碳，也不需要催化剂烧焦，所以工艺排放二氧化碳的量较多但燃烧排放的二氧化碳较少。

05　乙烯带来的碳排放

乙烯生产和加工是石化行业中最关键的环节，在石油化工产品中约占 75% 的比重。长期以来，我国的乙烯生产加工发展迅速，产量保持在较高水平。

工业制取乙烯的方法有很多，主要包括以下两种路线：石油路线乙烯工艺和非石油路线乙烯工艺。石油路线制乙烯的方法包括管式炉蒸汽裂解制乙烯、石脑油催化裂解制乙烯、重油催化裂解制乙烯和原油直接裂解制乙烯。非石油路线乙烯工艺包括甲醇制烯烃、生物乙醇制乙烯、合成气制乙烯以及甲烷直接制乙烯。

原料首先进入裂解炉进行裂解，通过急冷油塔和急冷水塔后，脱去酸性气体进入干燥器进行干燥处理。将生成的产物进行脱丙烷、脱丁烷和脱甲烷处理，最后进入乙烯精馏塔进行精馏处理，得到纯度较高的乙烯产品。

在乙烯生产各个环节中，都会产生碳排放。裂解工序中裂解炉的供热、稀释蒸汽的制取等都需要化石燃料燃烧提供能量，造成直接碳排放。油冷工序中旋风分离器的驱动，压缩工序中裂解压缩机的加压、油品循环、气体分离，分离工序中为了驱动各种机械设备所耗费的电力，都需要从外界购入，造成间接碳排放。

06 丙烯带来的碳排放

丙烯主要生产工艺有两种：一是来自蒸汽裂解制乙烯的联产；二是来自炼厂催化裂化装置的尾气。从 2010 年开始，丙烯需求量剧增，传统的乙烯联产和炼厂回收丙烯的产量难以满足需求，故从其他途径生产丙烯的重要性日益增长。

可用于生产丙烯的原材料包括原油分馏出的重质油、石脑油和烷烃、煤与天然气提纯出来的甲醇以及丙烷。其中，重质油需要经过催化裂化；石脑油和烷烃需要进行蒸汽裂解；甲醇通过特殊工艺制丙烯；丙烷也会经过脱氢处理，最终得到丙烯，上述工艺流程会造成大量碳排放。在催化裂化环节中的催化剂需要进行烧焦反应来除去表面的碳，造成直接碳排放；鼓风机和湿气压缩机过程中会消耗大量的轴功，需要依靠从外界购进的电力来驱动，蒸汽裂解环节中的蒸汽也需要外界购进热能进行制取，这都将造成间接碳排放。

除了传统的丙烯生产工艺外，目前还探索出丙烷脱氢制取丙烯、甲醇制烯烃、乙烯与丁烯歧化制丙烯等新型制取丙烯的工艺。相比起传统的丙烯制取工艺，新型丙烯制取工艺能够有效降低丙烯制取成本，提高丙烯产量。

07 炼油化工减碳路径

在石油炼制与化学工艺整体过程中，不可避免会产生碳排放，以下是几种常用的减碳方法：一是在满足生产需要前提下，增加碳排放较少的生产单元生产量，减少碳排放较多的生产单元生产量；二是提高锅炉和汽轮机等生产设备的效率；三是用含碳量较低的燃料代替含碳量较高的燃料；四是用物理或化学等碳捕捉方法来吸收已经排放的二氧化碳，比如化学溶剂吸收、低温法、吸附法、膜分离等。当碳减排目标值较大的时候，碳捕

捉的成本比燃料替换的成本大很多。

在石油炼制与化学工艺中，需要使用许多仪器设备，其热能、电能、蒸汽的提供，均需要燃烧化石燃料，只要提高蒸汽机、动力机的效率，就可以有效减少碳排放。

在延迟焦化、催化裂化等工艺中，均需要提供蒸汽，在整个炼油厂内，中压蒸汽主要来源于汽轮机驱动，提高汽轮机的效率，就能减少能耗；优化改造蒸汽管网，提高中压蒸汽管的压力，降低背压式汽轮机的低压蒸汽管网的压力，也能提高汽轮机效率；同时用酸性水汽提装置高温净化污水来代替延迟焦化污水进入焦炭塔大吹汽的技术改造；并且压缩机若能实施3C 控制系统的改造，也可以有效减少蒸汽消耗。

有效利用热能也是减少碳排放的关键方法。常减压装置和延迟焦化装置都需要用到加热炉空气预热器，该设备净改造后，排烟温度降低到110℃，其效率提高了 3 个百分点；高温净化污水进入焦炭塔中产生水蒸气，利用这些水蒸气来气提焦层中的油气，和大吹汽为焦层降温的效果相同，还可以节约低压蒸汽消耗，并且有效减少碳排放。

在使用鼓风机和湿气压缩机等机械设备过程中，会消耗大量轴功，使用凝气式蒸汽轮机的效率太低，若采用背压和烟气轮机获得动力，则可以提高其效率，明显减少炼油厂的碳排放。催化裂化环节所需要进行的热集成也是二氧化碳排放的重要因素之一，如果与其他工艺设备实施热集成，则可以有效减少碳排放。

化工厂中，低压蒸汽与凝结水生产的主要来源装置包括硫黄回收、酸性水汽提以及溶剂再生联合装置，凝结水在利用之后外送并入全厂凝结水管网，进入公用工程制水系统，除去氧气和杂质后作为除氧水由工厂回收利用。此部分工艺凝结水的水质稳定，温度与比低压蒸汽包给水略高，如果化工厂能够实施凝结水回收路线的改造，增加一条工艺流程的管线，将硫磺联合装置部分凝结水直接作为全厂低压蒸汽的包给水，这将会有效降低除氧器凝结水处理量，减少蒸汽消耗和电能消耗。在常减压装置中，减压塔顶第三级蒸汽抽真空系统若能改成液环泵机械抽真空，能够在每小时减少 7 吨 1 兆帕的蒸汽，从而减少碳排放。

在处理含硫污水时，可以优化工艺流程，将催化装置分馏塔顶部粗汽油罐的含硫污水送至常减压装置，作为常压塔顶和减压塔顶的注顶水，从而实现含硫污水的串级利用，这一改造能够减少酸性水产生，节约低压蒸汽，从而有效减少碳排放。

第 14 章　仓储物流

油气流通中的碳排放转移

01　油品仓储耗能、损耗及碳排放

原油开采并处理出来后，会通过火车、船、管道等方式，运到下游炼厂进行加工，得到一系列合格的石油产品。油品的储运主要指合格的原油、天然气及其他产品，从油气田的油库、转运码头或外输首站，通过长距离油气输送管线、油罐列车或油轮等输送到炼油厂、石油化工厂，生产加工后的成品油从炼化企业运出，通过铁路、水路或是管道运输送达社会用户（如发电厂、化工厂）和成品油销售企业油库并接卸入库，油库及中转油库在本区域内进行油品的调配，通过油罐车将成品油经公路运输送到加油站，最终被消费者消费，流程如图 14–1 所示。

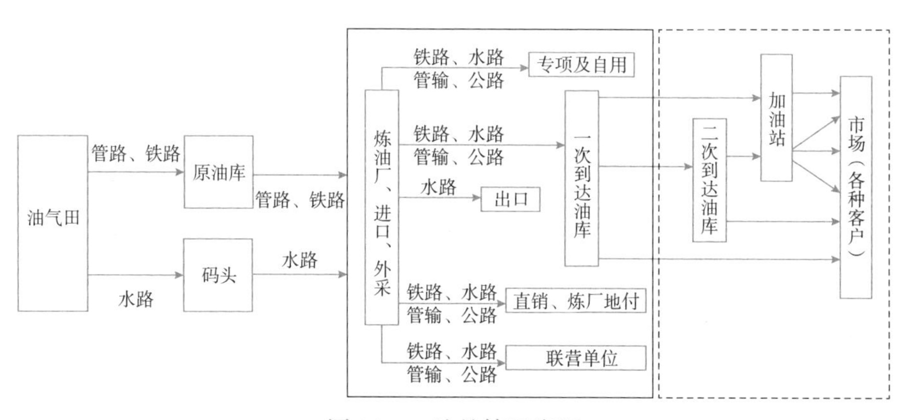

图 14–1　油品储运流程

油品仓储设施包括油库、油码头和地下储油库。油库是用于接收、储存、中转和发放原油或石油产品的场所。油码头是指专供油船停靠、装卸散装油类的泊位及装卸作业区。地下储油库是指在天然岩体中人工开挖洞库或者利用废弃的矿坑，以岩体和岩体的裂隙水共同构成储层空间的一种特殊地下岩石建筑，或人工溶盐建造的岩盐洞。仓储环节主要通过耗能与损耗两种方式产生碳排放，港口温室气体排放量约占全球温室气体排放量的 3%。

油库能耗包括：油库电量计量、能耗设备和生活耗费的电能；为保证原油泵送，改善原油流动性能，将电能转换额外消耗的热能；克服输油管道内摩擦阻力及节流损失的能量；日常生活用水及排放的废水。油码头能耗主要来自电和油，岸桥、场桥、散货用的门机等港口装卸设备耗电量大，而运送货物的水平运输车辆等耗油较大。

油库和码头都会产生油品损耗，这是仓储环节碳排放的主要原因。仓储环节油品损耗部分主要为残漏损耗、蒸发损耗、混油损耗。油品储存过程中的油气挥发主要来自储罐的大呼吸损耗和小呼吸损耗。大呼吸损耗是指油罐进油时，一定浓度的油蒸汽从呼吸阀呼出，造成油品蒸发损失。小呼吸损耗是指静止储存情况下，由于昼夜温差变化，罐内油气压力发生变化，当温度下降时，罐内气相压力降低，吸进罐外空气，当温度上升时，罐内气相压力升高，油气就会排到大气中，生产上也将此类损耗称为油罐静止储存损耗。中国油气挥发损耗量为 600 万吨 / 年，其中 80% 以上是油品在储存和运输过程中的挥发造成，其中成品油损耗量占 26.83%。

02 油品运输碳排放

油品运输方式主要有管道、水路、铁路和公路四种形式。其中，管道运输是我国油品运输最主要的运输方式之一。截至 2021 年底，国内建成油气长输管道总里程累计达到 15 万千米，其中原油管道里程约 3.1 万千米，成品油管道里程约 3 万千米，天然气管道里程约 8.9 万千米。

油品从油库、转运码头或外输首站到炼油厂，再运输到油库储存，然

后经汽车运输至加油站销售的耗能方式基本一致，主要是油气挥发、机泵照明等设备耗电，运输消耗燃料，冬季取暖耗煤等。

原油输送二氧化碳排放包括原料带入排放、辅料带入排放、能源消耗排放和工艺排放。成品油在运输过程中主要以油品损耗的方式进行碳排放，包括漏溢损耗、混油损耗、装车损耗、蒸发损耗。漏溢损耗是指油罐、机泵等设备的运动部件，或者与管道连接的部位，因连接松弛而发生油品滴漏。混油损耗是指不同性质的油品互串。装车损耗是指在油品汽车装车或火车装车过程中发生的损耗。油品蒸发损耗包括油罐自然通风损耗和油罐呼吸损耗。

03　天然气储运耗能、损耗及碳排放

天然气储运方式分为管道储运、液化储运、压缩储运、水合物储运和吸附储运，储存方式有地下储气、液态储存、管道储气、储气罐储气、水合物储气和压缩天然气储气 6 种方式。液化天然气主要储存于 LNG 接收站，LNG 接收站是指储存液化天然气然后往外输送天然气的装置。管道气则主要储存于天然气管道。输气管道一般由输气管段、首站、压气站、中间气体接收站、中间气体分输站、末站、清管站、干线截断阀室、线路上各种障碍（水域、铁路、地质障碍等）的穿跨越段等部分组成，如图 14–2 所示。

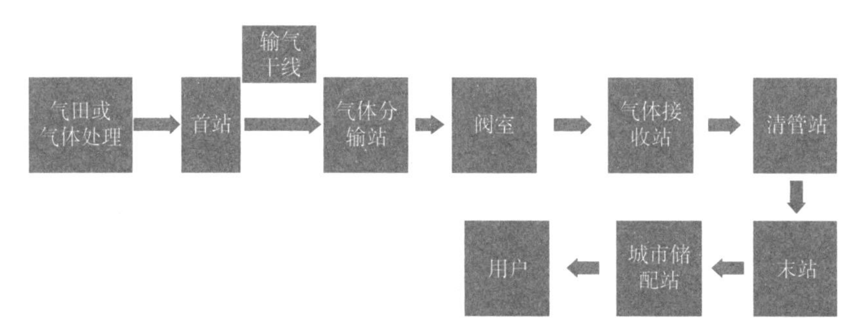

图 14–2　天然气管道储运流程

LNG 接收站运行时会消耗大量的能源。主要耗能环节为各压气站增压和储气库注气作业阶段，主要消耗能源类型为天然气和电力。储运环节耗能包括：输气管网中电力压缩机消耗的大量电能，效率较低的电机产品造成的生产电耗的增加；在输气过程中，因技术尚不完善而导致采出天然气中 C3 以上组分含量较多，若不进行处理直接外输，将损失大量液化石油气，增加输气能耗；天然气中含有大量水分，输送时大幅增加管道系统中的输送能耗，在低温高压下会出现天然气水合物，若不及时清除，管道会发生严重堵塞，导致能耗急剧增加。

天然气行业碳排放大部分是甲烷逃逸排放，甲烷逃逸排放是指除作为燃料燃烧的贡献外，天然气供应链从上游勘探开发到下游消费利用所有环节和基础设施的甲烷逸散排放，包括工艺放空排放、火炬燃烧排放和设备泄漏排放。甲烷排放源包括加压管道、压缩机站、气动控制器、储气设施、液化天然气接收站的放空和设备泄漏。压缩机包括往复式压缩机和离心式压缩机，在天然气集输、增压、加工、储运、液化天然气运输等环节广泛使用，是天然气中游储运环节最大的甲烷排放源。天然气运输和储存逸散源包括管道运输、储存和液化天然气进出口。

04 油气储运减碳路径

打造碳中和油库：碳中和油库是年发电量能够抵消油库全年电力消费量，碳减排量能够抵消碳排放量的绿色油库。碳中和油库采用自发自用、余电上网模式，与国家电网衔接，在满足油库用电需求的同时，将余电外供。打造碳中和油库关键是多措并举进行系统性碳减排，有效降低电力消耗；实施气改电工程，基本消除甲烷排放；充分利用光伏电能、余热蒸汽等绿色能源，通过信息化、数字化、智能化，实现无人巡检、少人值守、智能管控等功能，实现生产高效、寿命长久、技术先进、绿色低碳、运维智能。

优化原油、成品油运输流程：缩短油品周转路径和降低输油泵站能耗；改善原油管道运行与管理，针对不同类型的油品在输送期间合理规划路径，

提高运营效率；智能化调配成品油输送批次，控制全线流量降低能耗；开发相应电子应用平台，以下游企业需求为导向制定成品油输送计划；在满足用户对成品油数量需求的基础上，使各输油站具有平稳的输量，保证管道运行效率。

天然气输配系统节能：天然气输配系统主要节能措施包括回收利用天然气管网中燃气压缩机组余热；用系统中天然气分输站压力调节产生的差压能量进行差压式发电，实现压差能量与电能的转换；大力推广绿色、节能技术，合理利用太阳能、风能等新能源，对天然气管网系统配套设施、管理、生产和生活等辅助设施，尤其是偏远的阀室进行能源革新。

碳中和 LNG：碳中和 LNG 是基于碳中和的基本原理，利用自主开发或购买的碳信用额，对 LNG 全生命周期的碳排放进行抵消。具体包括“碳汇抵补”等概念的实施，即出口商通过种树、参与可再生能源开发项目等，来补偿 LNG 在下游使用中产生的碳排放。

甲烷减排：天然气减碳的关键是甲烷减排，甲烷减排的核心是甲烷排放的量化管理。甲烷减排一般分为 5 个步骤：一是选择或建立甲烷排放核算方法，做到前后核算统一；二是摸清自身排放情况，包括排放总量、排放强度、排放源特征及分布等；三是评估自身减排潜力，分析减排措施成本；四是结合内外部环境要求，制定目标，并确认切实可行的技术路径和行动计划；五是制定目标之后，建立评价减排行动绩效的方法，做到目标在未来的持续改进。在天然气储运过程中，主要有三项技术可以有效减少甲烷排放，分别是管道维修技术、蒸汽回收装置技术和泄漏监测与修复技术。使用甲烷减排技术可以使储运的甲烷排放量减少 88.6%。

第 15 章 加油（气）站

油气产业链终端排放

01 加油站损耗、能耗及碳排放

加油站是指为汽车和其他机动车辆服务的，零售汽油和机油的补充站，一般为添加燃料油、润滑油等。

加油站在日常运营过程中会在油罐车卸油、车辆加油、储油罐呼吸、加油枪滴油和胶管渗透等损耗环节排放大气污染物。油品中汽油是挥发性有机物排放大户，汽油的主要成分为 C5 至 C12 的脂肪烃和环烷烃，饱和蒸气压和沸点低，容易气化产生挥发性有机物。进入夏季之后受高温天气影响，加油站区域挥发性有机物逸散会更为明显。由于存在损耗，全国加油站每年约有 1.45 亿立方米油气排放到大气中，带来严重的安全隐患、环境污染和能源浪费，同时加油站还存在能源间接碳排放，例如地下油罐“小呼吸”及加油站外购电力等环节。

根据加油站用能终端不同，加油站能耗可以分为加油区损耗及服务区能耗，如加油机损耗为加油区损耗，便利店照明为服务区能耗。加油站服务区在运营过程中自身产生的水电能耗也是碳排放的一部分。长期以来，夜间加油站会为吸引客户进站加油照明灯具全部打开，整夜灯火通明，使加油站能耗大幅上升。

02 加气站损耗、能耗及碳排放

天然气汽车以其能耗低、污染物排放量小而受到各国欢迎，是国际公认的理想车用替代能源。加气站则是天然气产业链的重要终端之一，通常以 LNG 加气站、CNG 加气站、LNG/L—CNG 加气站及油气合建站的形式建设，供车辆需要补充天然气时使用。液化天然气（Liquefied Natural Gas，简称 LNG），主要化学成分是甲烷，它无色、无味、无毒又无腐蚀性。LNG 的生产过程是从气田生产的天然气进行净化处理，经一系列低温液化工艺后，通过 LNG 槽车或者 LNG 船运输到接收终端。国内已经形成了 LNG 液化厂、LNG 接收站、LNG 加注站及配套冷能利用项目等完善产业链。

液化天然气作为新兴的车用天然气使用方式，正在受到越来越多的关注，加气站的建设逐渐兴起，对国家“节能减排”政策的响应，液化天然气和液化压缩天然气等加气站日益增加，加气站建站的风险也日益凸显。随着加气站建设速度的几何增长，一方面，对于 LNG/L—CNG 加气站，其气源均为槽车运输，从装货点到卸货点，需经历装液、运输、卸液、储存和利用等过程，尤其是在加气站利用过程中，不可避免地会存在一定的损耗。另一方面，导致损耗的因素有 LNG 组分本身的原因，有工艺设计不合理因素引起，也与生产运营过程中操作人员经验和进站加气频率及 LNG 存货周转率等有关。工艺设计不合理、储罐及工艺管道保温设计有缺陷、储存时间过长等因素也会导致异常损耗。由于上述因素的影响，液化天然气会产生蒸发天然气气体，蒸发天然气产生量过大，蒸发天然气的产生会引起储罐等设备内压力升高，气体放散使周边空气环境中充斥可燃气体，从而产生碳排放。不仅造成能源浪费和环境污染，甚至影响加气站的安全运行。

在加气站运营过程中除了石油气的损耗外，主要的能耗环节为压缩过程。加气站 90% 以上电耗是由电驱往复式压缩机组对储气井加压时消耗的，所以降低压缩机用电消耗是加气站节能降耗的主要途径，而影响压缩机能耗的主要因素在于进站压力、温度、设备维保等方面。

压力影响方面，加气站运营中的能耗监测显示，进站压力对加气站用电量有较大影响，压缩机组电耗量与进站压力呈负相关。温度影响方面，加气站多采用循环水进行冷却，长时间使用导致循环水中夹杂大量杂质，极易在压缩机气缸外套和冷却器排管外壁、冷却水管、过滤器等部位形成水垢，造成冷却系统传热效率降低，增加冷却系统能耗。设备维保方面，电机运行过程中，润滑油脂会因为机械杂质、氧化、渗漏、挥发等原因脏污变质和减少，造成轴承转动部位摩擦发热升温和电机轴承损坏，影响设备效率和能耗，甚至减少设备使用寿命。

03 加油（气）减碳路径

（1）加油站损耗的减少：加油站可以通过油气回收减少损耗实现碳减排。油气回收是将加油站在装卸与加油过程中和油库挥发时产生的油气等收集起来，通过吸收或冷凝等工艺，重新变为汽油。

（2）加油站能耗的减少：

①打造碳中和加油站：碳中和加油站是指加油站光伏发电量可以抵消站内电力消费量，碳减排量能够抵消碳排放量，采用“自发自用，余电上网”模式，与国家电网实现无间断切换，使用光伏发电替代燃煤发电，在满足站内用电需求的同时余电外供的绿色加油站。

②建立综合能源港：可帮助油站新增充电、洗车、换油、便利店、餐饮等服务，减少车主行驶里程；以数字化技术打通从炼厂到中间运输、油库、油站，再到下游用户的各个环节，降低能源在空间转移过程中的交付成本；向加油站提供高品质燃油和高效燃油添加剂，可以提高油品燃烧效率，降低碳排放。加快推进能源转型和产业升级，加快打造“油气氢电服”综合能源服务商，推进化石能源洁净化、非化石能源规模化、生产过程低碳化，确保在国家碳达峰目标前实现碳达峰。

③加油站绿色运营：通过开展对电能、水能以及管理环节方面的节能措施来减少碳排放。电能节约上，要针对现有加油站电路电器进行调整。通过科学的设计，选用功率适当的水泵、变压器、灯具及相关电器设备，

减少电能消耗。进行电路分路改造，改善夜间照明能耗，将一路控制改为多线路分组控制开关，解决加油站“长明灯”现象。减少加油站自用变压器，对拥有独立变压器的停业加油站拆除变压器，使用外接民用电，降低耗能。水能节约上，工作人员可以将洗衣、洗菜等生活用水进行二次利用，用于加油站拖地、洒水等。针对客户加水较多，耗水量大的加油站，在地下水资源允许情况下，可以采用打地下井的方法降低水费。管理制度上，开展精细化管理降低能耗。根据加油站地理位置、车流量、季节天气和当地客户消费习惯等情况，合理制定各加油站营业时间。进行节能降耗工作的宣传，通过切实有效的节能措施，树立起全员节能意识，建立严格的考核管理机制。

（3）加气站损耗的减少：加气站工艺流程是以液化石油气为原料，通过增压并气化得到压缩天然气（CNG）然后向压缩天然气汽车加气。传统流程中液化石油气气化产生的大量冷量直接排放到空气中，造成大量浪费。若将这部分冷能回收利用起来，将会有很好的节能效益和经济效益。因此，可以通过优化工艺利用单级循环冰蓄冷系统对 L–CNG 加气站进行冷能回收。该系统由 3 个部分组成，即高压气化段、冷介质循环段以及蓄冰槽用冷段，如图 15–1 所示。

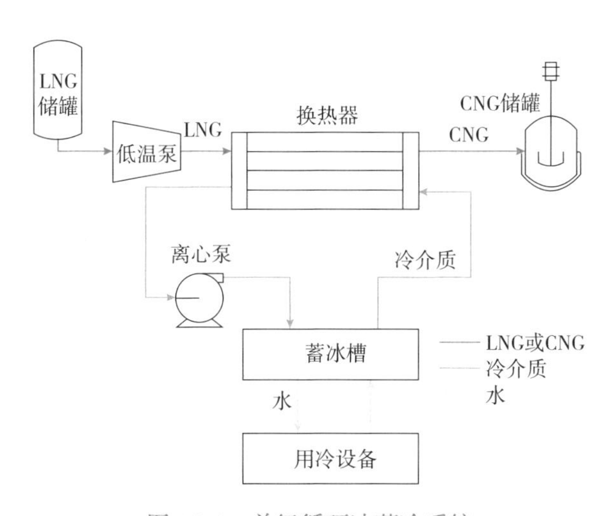

图 15–1　单级循环冰蓄冷系统

资料来源：https://www.wdfxw.net/doc67035195.htm

当压缩天然气储罐内余量不足时，在高压气化段，略高于常压的液化石油气从储罐中引入低温泵，被加压至略高于25兆帕的压力后，进入换热器被加热至0℃以上，成为可以销售的压缩天然气进入储罐。在冷介质循环段，从换热器吸收了冷能后的低温液体冷介质被离心泵输送至蓄冰槽，在蓄冰槽中将冷能释放给槽中的水使其结冰，吸收了热量的冷介质离开蓄冰槽后再次进入换热器，完成冷介质循环。冷介质可以选择多种工质，有的介质在整个循环中保持液相（如水—乙二醇溶液），有的随操作条件的不同可以始终保持液相，也可以在换热器和蓄冰槽中分别发生冷凝和蒸发的相变（如丙烷）。在蓄冰槽用冷段，来自用冷设备（如L–CNG加气站生活区的蓄冷空调等设备）的回水将热量释放至蓄冰槽中，而冷水则从蓄冰槽另一侧输送至用冷设备。该系统解决了供冷和用冷无法同步的问题，冷能回收用于夏天空调，可以节约加气站的运行费用，整个流程简洁直观，新增设备较少，操作及维护难度低，十分适合L–CNG加气站使用。但是该系统存在冬季冷能无法利用的问题，若能配合冬季利用方案，则更为理想。总之，液化石油气加气站通过回收利用蒸发天然气气体，用以替代原站内的燃料煤炭，充分发挥现阶段天然气在改善大气环境质量和二氧化碳减排方面的作用。

（4）加气站能耗的减少：压力影响方面，建议与上游长输管道高压分输站相连，同时压缩机机组选型要选择与进站压力匹配的进口压力，减少降压再升压过程的重复能源损耗。温度影响方面，宜优先选用闭式冷却塔，减少外部杂质进入冷却系统；选用合适的过滤网和软化水，降低形成水垢的可能；定期进行压缩机冷却系统清洗，保障冷却系统换热效率，确保压缩机正常运行时消耗更少的电能，并延长压缩机使用寿命。设备维保方面，强化执行润滑五定管理要求，选用自动注油器，实现定时、定量加注润滑油，避免注油不足和注油过量对电机造成损坏，使压缩机安全经济运行得到有效保障。

第 16 章　油气消费

绿色低碳转型关键

01　油气原料化消费碳排放

原油在开采后经过不同的提炼方式就会得到不同的初产物，原油产品可简单分为石油燃料、石油溶剂与化工原料、润滑剂、石蜡、石油沥青、石油焦等 6 类。原油产品种类非常多，以原油作为原材料的产品也涉及很多不同的行业。例如原油在塑料行业的运用非常广泛。原油中可以提炼出聚丙烯，家电、汽车、包装都需要用到聚丙烯，它是一种品质较高的塑料制品。聚乙烯常用于高端塑料的制作，例如农业薄膜、特殊管材。聚氯乙烯就是我们常说的 PVC，主要用于房地产管材的制作。苯乙烯主要用作合成树脂及合成橡胶。在整个能源化工产业链中原油也起到了极其重要的作用。例如甲醇、乙二醇、沥青与液化石油气是非常重要的工业品。甲醇可以用作溶剂和汽车燃料，用于制取医药及农药，还可以制作塑料等等；乙二醇主要用于制聚酯涤纶、聚酯树脂、防冻剂等；沥青主要用于道路的建设；液化石油气就是我们日常使用燃气灶时所用的燃气。不仅如此，原油在纺织业中也常常出现，我们日常所穿的纺织品都是从原油中提炼出来的。PTA 学名叫作“精对苯二甲酸”，是合成聚酯纤维的原料。而聚酯纤维是从石脑油中经过一步步反应得来的，石脑油是原油经过提炼后最初的产物，除了能提炼出制作衣服的原材料，还是很多下游产品的初产物。短纤就是我们所说的聚酯纤维，是 PTA 的下游产品，是化学纤维中产量最大、应用最广泛的品种，占我国化学纤维的 80% 以上。

天然气可用作化工原料，也可用于造纸、冶金、采石、陶瓷、玻璃等行业。天然气在化学工业中的应用极其广泛，可以生产近千种化工产品，目前国内外大规模生产的天然气化工产品有数十种，其中有一部分中间产品，主要有合成氨、甲醇、甲烷氯化物、硝基甲烷、乙炔、二硫化碳、碳黑、氢氰酸等。化肥中最主要的是氮肥，生产氮肥的原料过去是煤，现在主要是天然气。合成氨是生产氮肥和尿素的主要原料。氨除了作为化肥外，还有许多其他用途。例如氨可以用于制冷设备中，是最常用的冷冻剂；氨经过氧化可制成硝酸，硝酸和氨又可生成硝酸铵，硝酸铵不仅是肥效极好的氮肥，还可以制成炸药。世界上甲醇总产量中有 70% 以上也是以天然气为原料。甲醇是世界大宗有机化工产品之一，可用它制取甲醛和醋酸等。甲醇本身还可用作汽车燃料，燃烧性能好、污染少。天然气中的乙烷和丙烷经高温裂解可生产乙烯，乙烯是用途最广的有机化工基础原料。乙烯聚合后可得到聚乙烯树脂，可用来制造薄膜、容器、管道、单丝、电线电缆、日用品等。以乙烯为原料可生产氯乙烯，氯乙烯聚合生成的聚氯乙烯是用途非常广泛的树脂。此外，乙烯还能制成乙醇、乙二醇、醋酸等。也可以从天然气中提取宝贵的氦气和氩气作为航天和电气工程的重要原料；利用天然气生产出石油蛋白，作为饲料代替粮食喂养家畜、家禽和鱼类；回收单质硫以制造硫酸及硫化物产品等等。

油气作为原料进入消费碳排放较少，国务院 2021 年 12 月 28 日印发的《“十四五”节能减排综合工作方案》中提出：原料用能不纳入全国及地方能耗双控考核。因此，原料用能不纳入能源的消费核算，不算企业耗能，也不考虑碳排放。

02　油气燃料化消费碳排放

在油气行业碳减排路径中，油气终端需求下降是最大抓手，因为终端需求可以贡献 80% 的温室气体减排。而在油气消费产生的碳排放中，油气的燃料化消费占较大比重。

石油制品作为农业、工业、建筑业、第三产业和居民生活的燃料，排放机理为燃烧排放。交通运输及仓储邮政业是成品油消费中的主要消耗行业，交通领域碳排放占中国终端碳排放的 15%，2013—2021 年交通领域碳排放年均增速在 5% 以上，碳排放量约占全国总碳排放量的 10% 左右。交通运输行业碳排放主要以交通运输工具为划分，汽油是主要的动力燃料。摩托车、小汽车、客运车、大型货运车辆等都在使用汽、柴油来驱动车辆前进，在交通工具行进途中，随着汽油燃烧，汽车会产生尾气，也就是二氧化碳等温室气体，导致碳排放增加。航空运输燃料为航空煤油，航空煤油经过飞机的燃料发动机做功燃烧产生温室气体，从而产生碳排放。农业、工业、建筑业、第三产业和居民生活等相关产品机械化生产所需的主要机具装备以成品油为动力来源产生碳排放。

天然气广泛用于民用及商业燃气灶具、热水器、采暖及制冷，以及造纸、冶金、采石、陶瓷、玻璃等行业，还可用于废料焚烧及汽车燃料。液化天然气作为船舶、重型卡车的燃料，燃烧时会产生碳排放。天然气发电是当前天然气消费的重要领域之一，电力行业是中国碳排放的最主要来源，占据总排放量的 41%。城市燃气历来是天然气消费领域中传统且稳定的部分，城市燃气的主要利用方向为居民用气、公服用气、交通用气和采暖用气等。工业用气是天然气消费的主力，2019 年，工业用天然气占全国用气量的 35%。同时，工业也是碳排放产生的主要行业，主要来源于高能耗产品如钢铁、水泥、玻璃、陶瓷等产品的制造过程，据统计，2019 年仅钢铁工业的碳排放就约占全国碳排放总量的 15%，工业化石能源燃烧的碳排放占工业领域碳排放总量的 80% 以上。

03　油气消费减碳路径

交通运输行业减碳路径：推动形成绿色低碳交通运输体系，一是推动绿色交通建设，推广新能源汽车发展多式联运；二是发展技术，推动运输结构低碳化；三是采用清洁能源替代，发展新能源和绿色燃料，加快运输装备清洁化转型。政府通过提高交通能耗和排放标准、给予补贴等手段促进车企技术创新，研发新型交通工具。工业、农业等其他行业减碳路径：一是加快行业数字化建设，大力推动节能降碳技术改造；二是加快优化能源消费结构，提高清洁能源使用占比；三是建立健全工业节能标准体系，提升先进节能技术装备普及率；四是推进前沿绿色低碳技术研发创新。

为实现碳中和目标，应扩大燃气对燃煤发电的替代力度，这要求加大天然气开发力度，拓宽进口渠道，保障燃气资源供应，与此同时，加大科技创新力度，提升燃气轮机国产化水平，扩大天然气发电装机容量。除此之外，天然气发电需大力发展 CCS 技术，将发电所产生的 CO_2 收集储存起来，从而实现电力供应的全过程清洁化。工业领域的减排路径同样需要减少高碳化石能源的燃烧，提高天然气和可再生能源等清洁能源的使用比例，加大天然气消费的市场占有率，并加快产业结构的调整，降低高耗能部门在工业中的占比，积极推动工业清洁化发展。

碳达峰碳中和脱碳路径：迈向零碳世界

碳达峰碳中和是中国应对气候变化的政策，是实施可持续发展的内在需求。自然界的森林、土壤、海洋均可实现减碳，我们应加强森林资源培育，不断增加森林面积和蓄积量，加强生态保护修复。以风能、太阳能为代表的清洁能源会推进能源结构升级和能源体系清洁低碳发展。除了从大自然获取脱碳馈赠，还可以通过技术手段和金融手段助力脱碳。碳捕获、利用与封存技术被认为是最具潜力的前沿减排技术之一，使得净零排放的目标更加现实。碳排放权交易、碳市场、绿色金融、碳金融等已成为能源领域实现低碳转型的重要手段，有着广阔的应用前景，是经济和社会向低碳和零碳过渡的重要支撑。

第 17 章　碳汇

源自大自然的减碳馈赠

根据《联合国气候变化框架公约》，碳汇是指从大气中清除温室气体、气溶胶或温室气体前体物（能经过化学反应生成温室气体的有机物）的过程、活动或机制。自然界中主要存在林业碳汇、耕地碳汇和海洋碳汇。

01　植树造林打造绿色黄金林业碳汇

林业碳汇通常是指通过森林保护、湿地管理、荒漠化治理、造林和更新造林、森林经营管理、采伐管理等林业经营管理活动，稳定和增加碳汇量，是人为活动引起的森林碳汇减掉因林业活动导致的排放后的净增量（图 17-1）。森林碳汇是指森林植物群落通过光合作用吸收大气中的二氧化碳，并将二氧化碳固定在森林植被和土壤中的所有过程、活动或机制。林业碳汇主要包括森林经营性碳汇和造林碳汇。

森林经营性碳汇针对现有森林，通过森林经营手段促进林木生长，增加碳汇。森林经营管理主要有以下六方面的措施：一是及时伐除过熟木、枯立木、病腐木，不让碳汇变碳源；二是选择培育寿命长、经营周期长的林木作为培育对象，森林树木自然寿命越长，固定二氧化碳时间就越长，从而提高森林固碳能力和固碳量，森林中长寿命的树木越多，越能够保持少量、平稳、均衡的碳排放状态；三是科学经营森林，持续增加单位面积蓄积量和生长量，在正常情况下，森林单位面积蓄积量越大，生长量越大，

固碳能力增强；四是适时实现森林更新，通过造林、再造林适时实现森林更新；五是充分挖掘林地生产潜力，提高森林生物量，林地生产能力越大，森林固碳功能就越强；六是对过密林适时疏伐，减少树木自然枯死，从而减少森林自身碳排放。

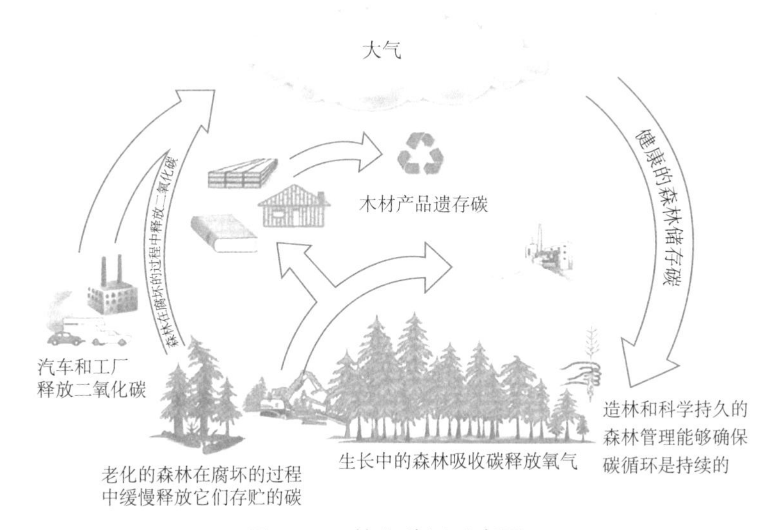

图 17–1　林业碳汇示意图

资料来源：https://www.cdstm.cn/gallery/media/mkjx/smsj/201605/t20160527_327536.html

造林碳汇指在确定了基线的土地上，以增加碳汇为主要目的，对造林及其林木生长过程实施碳汇计量和监测而开展的有特殊要求的造林活动。造林碳汇的主要措施包括：一是采用人工造林方法（植苗方法）对宜林荒山荒地、无立木林地和其他土地等重新造林，恢复森林植被和森林景观，加强碳汇林培育；二是采取低效林改造方法，利用碳汇效果好的阔叶树种，采取疏伐、皆伐等方式对疏残林、低效纯松林、低效桉树林进行改造，增强森林碳汇。

02　土壤固碳挖掘黄色系统耕地碳汇

耕地碳汇又称农田生态系统碳汇，是指作物在生长过程中通过光合作用吸收大气中二氧化碳并将其以有机质形式存储在土壤碳库中，从而降低大气中二氧化碳等温室气体浓度。

耕地碳汇由农田植被碳汇（作物碳汇）和农田土壤碳汇组成。农田植被碳汇由于作物收获期较短，作物生物量碳汇效果不明显，故常被认为是零；农田土壤碳汇平均值为（0.017 ± 0.005）Pg C/a，远大于农田植被碳汇。因此，耕地碳汇主要来源于该系统的土壤碳积累，即农田土壤碳汇。

提高耕地碳汇的措施包括：一是减少碳排放源路径。秸秆、畜禽粪便等生物质可生产生物天然气、生物液体燃料、燃烧发电等可再生能源；通过绿色低碳能源体系，废弃物可以转化为可再生能源，抵扣生产生活使用过程中化石能源的排放；提升农业核心技术，完善灌溉设施，减少使用化肥、农药，发展节水、节能的节约型农业；建立并完善水稻栽培供水管理系统、农场粪便管理系统、反刍动物管理系统等，减少甲烷等温室气体排放。二是增加碳汇路径。保护性耕作、秸秆还田、有机肥施用、人工种草和草畜平衡等为农业管理中常用的手段，可以提高农田和草地固碳增汇能力；通过提升农田草地中的有机质，增加吸收温室气体和固定二氧化碳能力，实现农田碳源到碳汇转变，达到固碳增汇效果。三是循环农业路径。循环农业主要包括农业种养结合、立体复合循环、废弃物再利用、减量化等多种模式；优化调整种养业结构，促进种养循环、农牧结合、农林结合等，通过废弃物再利用提高减少碳源。

03 蓝色经济汇聚蓝色宝藏海洋碳汇

海洋碳汇又称蓝碳，是指利用海洋活动及海洋生物吸收大气中的二氧化碳，并将其固定在海洋中的过程。海草床、红树林和盐沼等海岸带生态系统能够捕获和储存大量的碳并将其永久埋藏在海洋沉积物里。海洋吸收二氧化碳的主要机制包括生物泵、溶解度泵、碳酸盐泵和微型生物碳泵（图 17–2）。

生物泵是通过有机物生产、消费、传递等生物学过程形成颗粒有机碳，在重力作用下由海洋表层向深海乃至海底迁移和埋藏。浮游植物光合固碳是生物泵的起点，其产生的颗粒有机碳由海洋表面向深层乃至海底转移（图 17–3）。

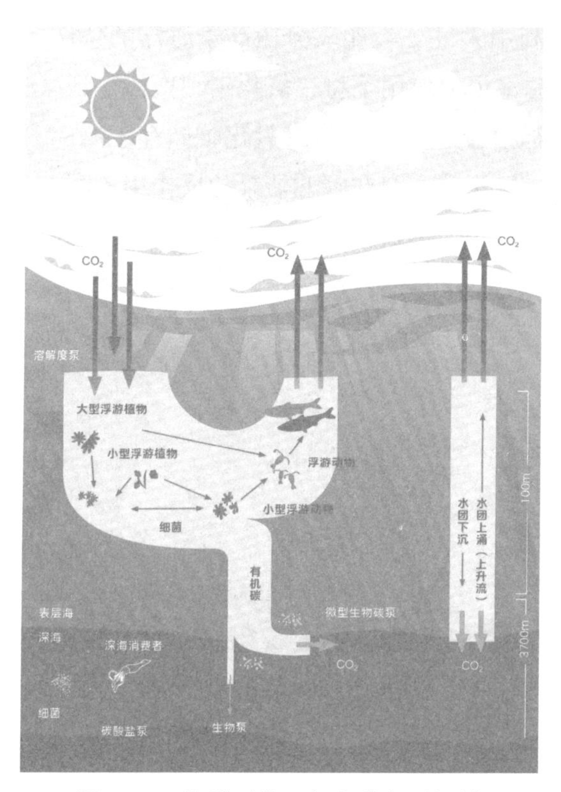

图 17–2　海洋吸收二氧化碳主要机制

资料来源：焦念志，2012

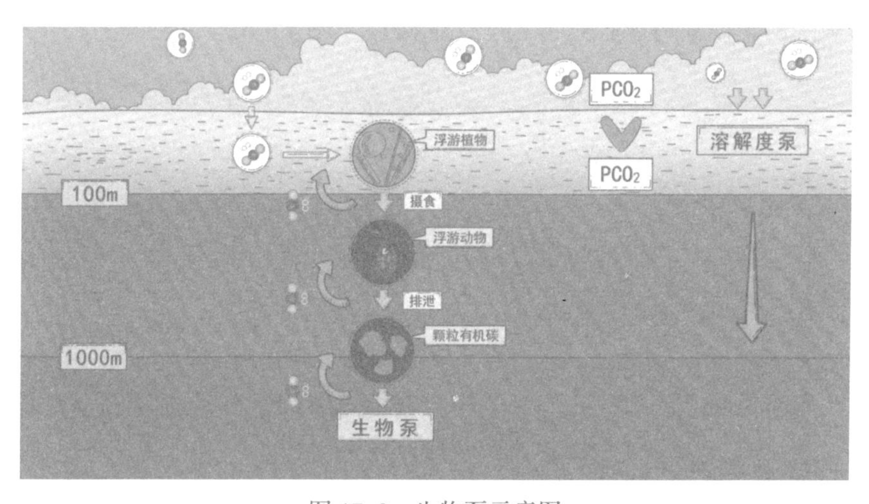

图 17–3　生物泵示意图

资料来源：https://mp.weixin.qq.com/s/W–KdCv2HayUOVaJgjQrM8A

溶解度泵是利用大气二氧化碳分压高于海洋的条件，使二氧化碳溶于海水，在高密度海水重力作用下将二氧化碳“拖拽”到深海中。

碳酸盐泵是通过碳酸盐沉积将二氧化碳储存于海底，但化学反应过程中还释放出等量二氧化碳，存在碳酸盐泵的反作用（图 17–4）。

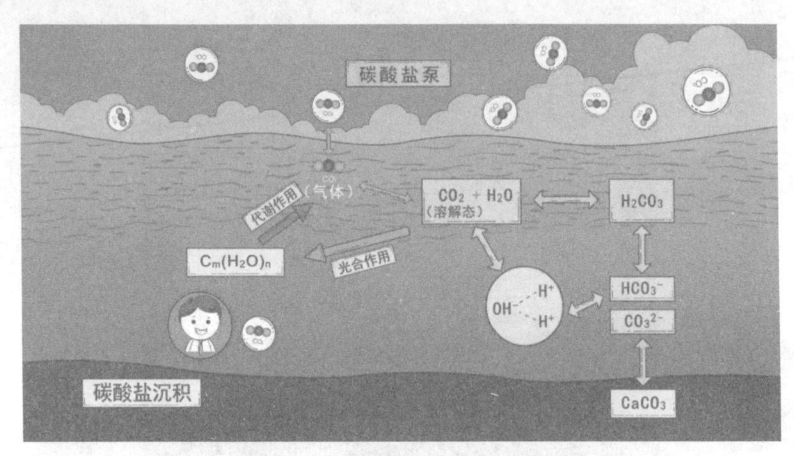

图 17–4 碳酸盐泵示意图

资料来源：https://mp.weixin.qq.com/s/W–KdCv2HayUOVaJgjQrM8A

微型生物碳泵是利用海洋中微生物、浮游生物等生理活动吸收活性有机碳，再将活性有机碳转化为惰性有机碳储存在海水中。因惰性有机碳不容易被降解，因而可以积累形成巨大的碳库（图 17–5）。

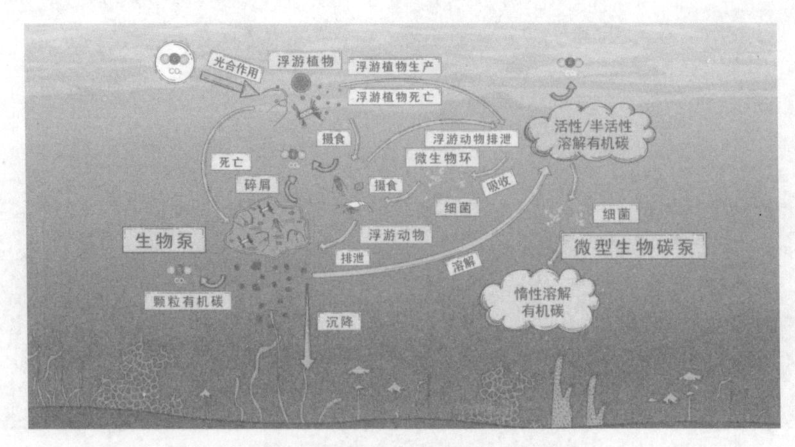

图 17–5 微型生物碳泵示意图

资料来源：https://mp.weixin.qq.com/s/W–KdCv2HayUOVaJgjQrM8A

提高海洋碳汇能力的措施包括：一是减少近海营养物输入，陆海统筹减排增汇。加强陆海统筹，在大力发展海洋经济的过程中科学施肥，减少向近海的营养输入，以便将碳“源”变为碳“汇”，提高河口、近海的综合储碳能力和生态服务功能。二是采取技术措施，促进碳酸盐沉淀，例如施加橄榄石粉和黏土矿物，利用微生物诱导碳酸盐沉积，橄榄石粉和黏土矿物能将光合藻类产生的有机质由生物泵快速传输到海底沉积物上，在厌氧条件下，利用微生物碳泵和碳酸盐泵的协同作用，产生大量惰性有机质和固体碳酸盐矿物，达到大气二氧化碳被长期甚至永久封存的目的。三是加快海洋生态修复和综合养殖，通过人工上升流等海洋工程，改善海岸带环境，有利于发展海水养殖，通过开发“贝藻鱼兼养”等海洋立体生态养殖体系增强海洋负排放，实现由“污染源”到“增汇场”的转变。

第 18 章　碳捕获、利用与封存

实现负碳的最佳技术路径

01　碳捕获、利用与封存的起源

碳捕获与封存（CCS）是指通过碳捕捉技术将工业和有关能源产业所生产的二氧化碳分离出来，再通过碳储存手段，将其输送并封存到海底或地下等与大气隔绝的地方。碳捕获与封存的研究可追溯至 1975 年，美国将二氧化碳注入地下以提高石油开采率，但将其作为一项存储二氧化碳以减少温室气体排放的环保工程，则开始于 1989 年麻省理工学院。中国也在不断进行碳捕获与封存的研究、开发和验证，如陕西国华锦界能源有限责任公司 15 万吨 / 年的碳捕集与封存全流程示范项目已全面进入调试阶段；中国石化胜利电厂碳捕集与封存项目、延长石油碳捕集与封存一体化示范项目，为碳捕集与封存技术在中国的发展奠定了基础。

碳捕获、利用与封存（CCUS）是在碳捕获与封存基础上将二氧化碳进行利用，即把生产过程中排放的二氧化碳进行提纯，继而投入新的生产过程中，实现二氧化碳循环再利用，而不是简单地封存（图 18–1）。其中碳利用技术是指通过工程技术手段让捕集的 CO_2 实现资源化利用的过程。碳利用包括化工利用和生物利用。化工利用是以化学转化为主要手段，将 CO_2 和共反应物转化成目标产物，实现 CO_2 资源化利用的过程，主要产品有合成能源、高附加值化学品以及材料三大类。生物利用则是以生物转化为主要手段，将 CO_2 用于生物质合成，实现 CO_2 资源化利用的过程，主要

产品有食品、饲料、生物肥料、化学品与生物燃料和气肥等。和碳捕获与封存相比，碳捕获、利用与封存可以将二氧化碳资源化，能产生经济效益，更具有现实意义。

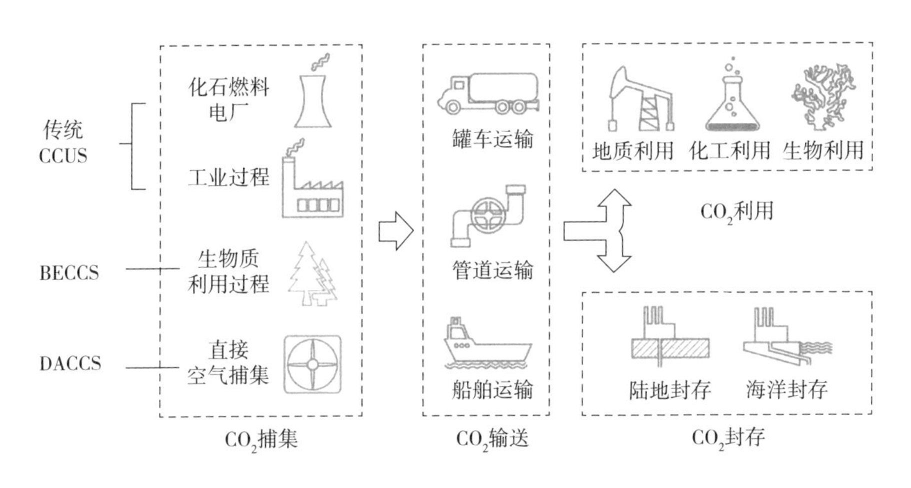

图 18-1　碳捕获、利用与封存示意图

资料来源：https://huanbao.bjx.com.cn/news/20210806/1168416.shtml

相较于欧美发达国家，中国碳捕获、利用与封存研发工作起步较晚。2010 年 7 月，科技部 21 世纪议程管理中心副主任在《CCS 在中国：现状、挑战和机遇》报告发布会上表示："中国的首要任务是保障发展，CCS 技术建立在高能耗和高成本的基础上，该技术在中国的大范围推广与应用是不可取的，中国当前应当更加重视拓展二氧化碳资源性利用技术的研发。"此后，中国对碳捕获、利用与封存的关注度逐渐提高，碳捕获、利用与封存技术也不断发展。

2011 年，国家能源集团在内蒙古鄂尔多斯建成亚洲首个二氧化碳捕获与深部咸水层封存全流程示范项目。该项目二氧化碳封存规模 10 万吨 / 年，随后三年累计注入二氧化碳 30 万吨，同时开展二氧化碳监测研究。中国石油陆续在吉林、大庆、冀东、长庆和新疆油田开展碳捕获、利用与封存示范，累计注入 400 万吨二氧化碳，吉林油田年埋存能力 40 万吨，提高原油采收率 10% 以上。2012 年，国内燃煤电厂首个 CCUS 项目在胜利油田启动，形成大规模燃煤电厂烟气二氧化碳捕集、驱油及封存一体化工程综合技术和经济评价技术。2015年，南化公司、华东石油局携手合作，由华东石油局液碳公司采用产销承包模式回收南化公司合成氨、煤制氢装置的二氧化碳尾气，用于油田压注驱油，开启了中国石化内部上下游企业之间二氧化碳资源综合利用的先河。2020年，中国石化捕集二氧化碳量已达到130万吨左右，其中用于油田驱油的达到30万吨，在提高原油采收率和降碳减排上取得了较好成效。2021年，中国石化宣布开启我国首个百万吨级CCUS项目建设——齐鲁石化－胜利油田CCUS项目。

02 碳捕获、利用与封存在中国的发展

全球范围内，科学家提出碳捕获、利用与封存概念约有45年历史，旨在纯粹埋碳的碳捕获、利用与封存实践约有25年历史，旨在提高石油采收率的碳捕获、利用与封存实践约有50年历史，二氧化碳分离技术大规模应用则有超过90年历史。中国碳捕获、利用与封存与国际先进水平存在一定差距，发展历史短，至今经历了前期准备与探索、储备开发与验证、扩大示范与应用三个阶段。

前期准备与探索：国际上，二氧化碳分离技术的发展最先受到天然气、合成氨、石油加工等行业需求驱动，二氧化碳驱油技术发展受到石油开采行业需求驱动，二者开始大规模工业应用的时间均远早于碳捕获、利用与封存概念提出的时间，国内亦是如此。

储备开发与验证：20世纪90年代初，碳捕获、利用与封存在国际上逐渐获得重视，美国、日本等国家先后启动碳捕获、利用与封存专项研究计划，挪威在1996年建成全球首个碳捕集与专用封存商业项目——斯莱普内尔（Sleipner）项目，碳封存规模达到100万吨/年。国际上对碳捕获、利用与封存的逐步重视和成功实践，促进了国内对碳捕获、利用与封存的理解和认识。随着中国碳排放量快速上升、减排压力不断增加，碳捕获、利用与封存逐渐被定位为一种重要的温室气体减排储备技术，中国碳捕获、利用与封存的发展由此进入了系统性研究和试验阶段。

扩大示范与应用：2020 年 9 月 22 日，中国正式提出“力争在 2030 年前实现碳达峰、2060 年前实现碳中和”目标。由生态环境部牵头发布的《中国二氧化碳捕集利用与封存（CCUS）年度报告（2021）——中国 CCUS 路径研究》明确指出，碳捕获、利用与封存技术是中国实现碳中和目标技术组合的重要组成部分，是中国化石能源低碳利用的唯一技术选择，是保持电力系统灵活性的主要技术手段，是钢铁水泥等难以减排的行业低碳转型的可行技术方案，基于碳捕获、利用与封存的负排放技术是实现碳中和目标的托底技术保障。这表明中国关于碳捕获、利用与封存的定位，已经从碳减排储备技术，变成了碳中和关键技术。政府开始将碳捕获、利用与封存纳入更高规格的顶层设计文件，企业开始积极规划百万吨级碳捕获、利用与封存项目。中国碳捕获、利用与封存的发展由此步入扩大示范与应用新阶段。

03　碳捕获、利用与封存在油气行业的应用

石油行业发展碳捕获、利用与封存技术具有天然优势。石油公司将二氧化碳驱油提高石油采收率和二氧化碳在地质体中安全长期埋存有效结合，兼顾温室气体减排效益和驱油经济效益，且在碳捕获、利用与封存过程中的地质评价、捕集、输送、利用和封存等方面具有特有优势，更容易发展碳捕获、利用与封存业务。国际石油公司也将碳捕获、利用与封存作为油气行业的战略发展方向。

中国石化碳捕获、利用与封存项目始于 2012 年，国内燃煤电厂首个碳捕获、利用与封存项目在胜利油田启动，形成燃煤电厂烟气二氧化碳捕集、驱油及封存一体化工程综合技术和经济评价技术。2021 年，中国石化捕集二氧化碳量达到 152 万吨左右。2022 年 1 月 29 日，我国首个百万吨级碳捕集、利用与封存项目——齐鲁石化 - 胜利油田碳捕集、利用与封存项目全面建成（图 18-2）。该项目每年可减排二氧化碳 100 万吨，预计未来 15 年可实现增油 296.5 万吨。截至 2022 年，中国石化实施二氧化碳驱油项目 36 个。“十四五”时期，中国石化计划依托胜利发电厂、南京化学工业有限公司等

企业产生的二氧化碳，在旗下胜利油田、华东油气田、江苏油田等再建设两个百万吨级碳捕获、利用与封存示范基地，实现碳捕获、利用与封存产业化发展。

图 18–2　齐鲁石化 – 胜利油田碳捕获、利用与封存项目

资料来源：http://chinacpc.com.cn/info/2022-01-29/news_6108.html

中国海油加快布局新能源领域步伐，成立了多家新能源公司。2022 年 4 月 13 日，中国海油正式成立中海石油（中国）有限公司北京新能源分公司，主要开展海陆风光发电，碳捕获、利用与封存科技攻关，探索培育氢能等业务。2022 年 6 月 28 日，我国首个海上规模化 300 万吨 ~ 1000 万吨级碳捕获与封存 / 碳捕获、利用与封存集群研究项目正式启动（图 18–3），项目将通过捕集装置，收集大亚湾区各企业在生产中排放的二氧化碳，压缩后，以管道等方式输送到附近符合条件的海域进行封存或地质利用。

2022 年 3 月，中国石油宣布旗下 10 家油气田已开展 11 项碳捕获、利用与封存重大开发试验，二氧化碳年注入能力达到 56.7 万吨，累计埋存二氧化碳超过 450 万吨。中国石油还将启动以松辽盆地 300 万吨碳捕获、利

用与封存重大示范工程为代表的“四大工程示范”和“六个先导试验”，进一步推动中国石油碳捕获、利用与封存产业驶入规模化发展快车道。吉林油田是中国石油开展碳捕获、利用与封存技术攻关的试验基地，历经 30 多年的积极探索和大胆实践，初步形成了适合中国陆相沉积低渗透油藏的碳捕获、利用与封存技术系列，建成了国内首个碳捕获、利用与封存国家级示范工程。

图 18–3　中国海油海上碳捕获、利用与封存项目

资料来源：http://www.oilsns.com/article/490301

04　碳捕获、利用与封存发展的制约

中国碳捕获、利用与封存目前仍处于工业化示范阶段，部分关键技术仍与国际先进水平存在差距，不同地区陆上封存潜力差异较大，面临诸多挑战。第一，应用成本高。碳捕获、利用与封存项目成本高昂，尤其是直接空气捕集成本和没有利用的直接封存成本。现有技术条件下，煤电示范项目安装碳捕集装置后，捕集每吨二氧化碳将额外增加 140 ~ 600 元运行成本。第二，技术不成熟。当前第一代碳捕集技术（如燃烧后捕集技术、燃烧前捕集技术、富氧燃烧技术）发展渐趋成熟，主要瓶颈为成本和能耗偏高、缺乏广泛的大规模示范工程经验。第二代技术（如新型膜分离技术、新型吸收技术、新型吸附技术、增压富氧燃烧技术）仍处于实验室研发或

小试阶段，但技术成熟后其能耗和成本会比成熟的第一代技术降低 30% 以上。第三，商业模式尚未成熟。项目实施面临着收益分享、责任分担和风险分担等难题，急需建立有效的协调机制或行业规范及长期公平的合作模式，有效解决气源供给、管网输送、地企关系等难题，从而实现碳捕获、利用与封存技术项目各环节的良好对接。

第19章　清洁能源

开启未来绿色低碳社会

01　风能：为“双碳”保驾护航

风能是空气流动所产生的动能，是太阳能的一种转化形式。由于太阳辐射造成地球表面各部分受热不均匀，引起大气层中压力分布不平衡，在水平气压梯度作用下，空气沿水平方向运动形成风。风能是可再生的清洁能源，储量大、分布广，一年中技术可开发能量约53万亿千瓦时，但能量密度低，只有水能的1/800，并且不稳定。风能利用是综合性的工程技术，通过风力机将风的动能转化成机械能、电能和热能等。

“双碳”目标下，作为新能源的排头兵，风电发展对于中国能源结构转型起到重要战略支撑作用。根据国家能源局发布的2021年可再生能源并网运行情况，2021年中国风电新增并网装机4757万千瓦，其中海上风电新增装机1690万千瓦，全国风电装机突破3.28亿千瓦，风电发电量达6526亿千瓦时，海上风电装机跃居世界第一。积极的政策环境和电力体制改革为海上风电发展增添了新机遇与新动力。中国发布的《“十四五”现代能源体系规划》指出，在风能资源禀赋较好、建设条件优越、具备持续整装开发条件、符合区域生态环境保护等要求的地区，有序推进风电集中式开发。风力发电是可再生能源中技术最成熟、最具规模化开发条件和商业化发展前景的发电方式之一，是中国实现“双碳”目标的关键一环。

02 太阳能：光伏与热能革命

太阳能是一种可再生能源，是指太阳的热辐射能，主要表现就是常说的太阳光线，它具有来源广泛、清洁无害、可持续等特点。在现代一般用作发电或者为热水器提供能源。太阳能发电主要分为光伏发电与光热发电两种。光伏发电原理是当太阳光照射到太阳能电池上时，电池吸收光能，产生光生伏打效应，在电池的两端出现异号电荷积累，若引出电极并接上负载，便有功率输出。光伏发电相比于传统发电方式，具有无污染、无噪声的特点，其发电过程不需要消耗化石燃料也不需要进行机械操作，不会对大气产生污染，是一种可持续的能源利用方式。光热发电首先是利用聚光太阳能集热器把太阳辐射能聚集起来，然后利用能量将某种工质加热到数百摄氏度，并以此工质来驱动发电机发电的一项太阳能利用技术。

2020年，中国光伏产业进入平价时代，标志着光伏产业迈入可持续发展阶段。在“双碳”的目标下，以光伏为主导的太阳能产业被赋予高增长、高景气度的成长空间，将成为未来数十年的产业风口。根据国家能源局发布的可再生能源并网运行情况，2021年，中国光伏新增并网装机5488万千瓦，全国光伏发电装机突破3.06亿千瓦，光伏发电量达3259亿千瓦时。“十四五”期间，中国将推动一期示范项目建设，促进光伏+储能、光伏+治沙、光伏+制氢、光伏+海水淡化、光伏+充电桩等新产业新业态的成熟，促进光伏发电多点开花。“十四五”时期是实现碳达峰目标关键时间窗口，也是加快构建清洁低碳、安全高效能源体系的关键五年，光伏产业在推动经济社会绿色低碳转型发展，实现碳达峰碳中和目标方面将大有作为。

03 生物质能：广泛应用的清洁能源

生物质主要包括植物（如农林废弃物、油料植物、水生植物）、一些微生物以及动物的粪便排泄物等，这些很多都是利用二氧化碳来进行光合作用

完成自身生长发育的。通过对这些生物质原料的加工利用，将它们应用到工业、农业等生产生活中，产生的二氧化碳排放物又可以用于它们自身的光合作用，所以从整个生态系统来看，是真正意义上的零碳排放，对于“双碳”目标的实现是可以做出直接贡献的。我国幅员辽阔，拥有不同的气候性地带和地形地貌，这对于生物质资源的生长是极其重要的，造就了我国基数巨大的生物质资源。据国家能源局及相关部门的统计，我国每年可以利用到工业、农业生产生活中的生物质资源总量相当于 4.6 亿吨标准煤，占我国每年煤炭消耗量的十分之一左右。这个数字的背后具有重大战略意义，因为煤炭等一次能源开采是有限的，但是生物质能每年都会生长，意味着取之不竭，具有广阔的应用前景。

生物质能是清洁能源和节能环保事业中非常重要的一种，立足于农林剩余物综合利用的县域综合能源服务产业，具备工农互补的特点，契合国家乡村振兴和碳达峰碳中和发展战略，对推动循环经济发展和富农惠农具有重要意义。根据国家能源局发布的 2021 年可再生能源并网运行情况，2021 年中国生物质发电装机突破 3798 万千瓦，生物质发电量达 1637 亿千瓦时。作为可再生能源的“核心”，生物质能的开发利用不仅能改善生态环境，有力支撑美丽宜居乡村建设，同时可解决我国农村的能源短缺，推进农村能源革命，并促进绿色农业发展，创造新的经济增长点，是实现能源、环境和经济可持续发展的重要途径。

04　氢能：21 世纪的“终极能源”

氢能是指氢和氧进行化学反应释放出的化学能，是一种清洁的二次能源，具有能量密度大、零污染、零碳排等优点，被誉为 21 世纪的“终极能源”。氢能作为燃料具有清洁、高效、绿色、零碳、储能等优点，其经济价值和战略意义已引起世界各国高度关注。应对气候变化的脱碳愿景逐步成为氢能大规模部署的重要驱动力。

氢能产业链主要包括制氢、储运、应用三个环节。在制氢环节，氢能的利用可以实现大规模、高效可再生能源的消纳；在储运环节，氢能可在不同行业和地区间进行能量再分配，充当能源缓冲载体提高能源系统韧性；在氢能应用环节，可降低交通运输过程中的碳排放和工业用能领域的碳排放等（图 19–1）。

图 19–1　氢能基础设施

资料来源：http://www.eeet.com.cn/products/hydrogen.html

氢能将能源结构清洁化与电气化联系在一起，利用水、风、光等可再生能源产生的余电制取氢气，即将多余的电能存储在氢气中，等到出现需求缺口的时候，通过燃料电池发电来满足供电的需求或将制取的氢气用以工业、生活生产当中，从而可避免弃风、弃水、弃光电所造成的能源浪费，最大限度实现可再生能源跨地区、跨季节利用，减少碳排放。氢能应用还有氢燃料电池热电联供装置，利用氢能在燃料电池中生产电能时所产生的废热进行回收，从而实现热电联供，进而实现对电力资源更大程度的利用，这在很大程度上减少了电力资源的浪费，减少了煤炭的消耗，实现了更高效的能源利用，促进了环境友好，提高了能源利用率。氢能作为一种无碳、清洁、高效的能源形式，在推动能源结构转型过程中发挥着越来越重要的作用。

05　地热能：来自地球深处的新能源

地热能是由地壳抽取的天然热能，这种能量来自地球内部的熔岩，并以热力形式存在，是引致火山爆发及地震的能量，通常分为浅层地热能、水热型地热能、干热岩型地热能。地热能大部分是来自地球深处的可再生性热能，它起于地球的熔融岩浆和放射性物质的衰变。地热发电实际上就是把地下的热能转变为机械能，然后再将机械能转变为电能的能量转变过程。开发的地热资源主要是蒸汽型和热水型两类，因此，地热发电也分为两大类：蒸汽型地热发电和热水型地热发电。地热能具有低污染、可再生、产能稳定、服务周期长等特点，是一种绿色低碳、可循环利用的可再生能源，受到各国政府高度重视。

我国地热能资源储量丰富，但资源探明率和利用程度较低，开发利用潜力很大。据统计，中国大陆 336 个主要城市浅层地热能年可采资源量折合 7 亿吨标准煤，可实现供暖（制冷）建筑面积 320 亿平方米；大陆水热型地热能年可采资源量折合 18.65 亿吨标准煤；埋深 3000 ~ 10000 米干热岩型地热能基础资源量约为 25 万亿太焦（折合 856 万亿吨标准煤），其中埋深在 5500 米以浅的基础资源量约为 3.1 万亿太焦（折合 106 万亿吨标准煤）。作为一种新兴能源，地热能资源兼具矿产资源、水资源的属性，应用前景十分广阔。开发利用地热能不仅对调整能源结构、节能减排、改善环境具有重要意义，而且对培育新兴产业、促进新型城镇化建设、增加就业均具有显著拉动效应。在碳达峰碳中和进程中，地热资源既是推动传统能源向清洁能源转型的实践载体，也是传统高污染、高能耗行业寻求积极转型的有效抓手。

06　海洋能：海洋中的“绿色燃料”

海洋能指依附在海水中的可再生能源，海洋通过各种物理过程接收、储存和散发能量，这些能量以潮汐能、波浪能、盐差能、温差能、海流能等形式存在于海洋之中。海洋能的利用是指利用一定的方法、设备把各种海洋能转换成电能或其他可利用形式的能。由于海洋能具有可再生性和不污染环境等优点，因此是一种亟待开发的具有战略意义的新能源。

潮汐能是潮汐运动时产生的能量，是人类利用最早的海洋动力资源。早在唐朝，中国沿海地区就出现了利用潮汐来推磨的小作坊。11—12 世纪，法、英等国也出现了潮汐磨坊。到了 20 世纪，潮汐能的魅力达到高峰，人们开始懂得利用海水上涨下落的潮差能来发电，潮汐电站的发电机组都在海平面之下（图 19–2），是真正的“深藏不露”。2021 年，中国潮汐能总装机规模已达 382 万瓦，居全球第二位，仅次于英国。

图 19–2　潮汐发电示意图

资料来源：https://baike.so.com/gallery/list?ghid=first&pic_idx=1&eid=5790489&sid=6003280

波浪能主要是由风的作用引起的海水沿水平方向周期性运动而产生的能量。波浪能发电具有巨大的潜力，不仅可以为边远海岛等地区提供清洁能源，还能利用波浪能提供的动力进行海水淡化以及为海洋养殖平台或测量仪器提供电力。一个巨浪可以把 13 吨重的岩石抛到 20 米高，一个波高 5 米，波长 100 米的海浪，在一米长的波峰片上就具有 312 万瓦的能量。据计算，全球海洋波浪能达 700 亿千瓦，可供开发利用的为 20 亿千瓦 ~ 30 亿千瓦，每年发电量可达 9 亿千瓦时。

除了潮汐能与波浪能，海流能也可以做出贡献。由于海流遍布大洋，纵横交错，它们蕴藏的能量很可观。例如，世界上最大暖流——墨西哥洋流，在流经北欧时，为 1 厘米长海岸线提供的热量大约相当于燃烧 600 吨煤的热量。据估算，世界上可利用的海流能约为 500 亿瓦，利用海流发电也不复杂。

盐差能是指海水和淡水之间或两种含盐浓度不同的海水之间的化学电位差能，是以化学能形态出现的海洋能。温差能指海洋表层海水和深层海水之间的温差储存的热能，利用这种热能可以实现热力循环并发电。

中国 300 多万平方千米的“蓝色国土”蕴含了丰富的海洋能。“我国近海海洋可再生能源调查与研究”项目研究结果显示，中国近海（台湾海域除外）海洋可再生能源总蕴藏量为 15.80 亿千瓦，理论年发电量为 13.84 万亿千瓦时；总技术可开发装机容量为 6.47 亿千瓦，年发电量为 3.94 万亿千瓦时。近海之外，深远海海洋可再生能源蕴含量更为丰富，随着海洋开发技术的进步会逐步被开发利用。潮汐能、波浪能等海洋可再生能源发电技术的不断进步，为削减火力发电、构建以可再生能源为主体的新型电力系统提供了条件。海洋能开发利用的快速发展，成为助力中国实现碳达峰碳中和目标的“蓝色途径”。

第 20 章　碳金融

助力市场化碳减排

01　碳金融定义

碳金融指服务于旨在减少温室气体排放的各种金融制度安排和金融交易活动。碳金融的内涵从早期的碳排放权交易不断扩展到碳远期、碳期货期权、碳互换、碳保险、碳信贷、碳债券、碳基金、碳回购等多种产品。碳金融市场泛指各种碳金融产品的交易场所。

碳金融起源于碳排放权的交易。碳排放权就是向大气中排放温室气体的权利，其本身并不能减少二氧化碳的排放。《京都议定书》将碳排放权赋予特定产权，使得碳排放权具备了可转让和交换的商品属性，可以作为有价值的资产在市场上进行买卖。碳排放权交易（简称碳交易）指的是减排困难的企业可以向减排容易的企业购买碳排放权配额，后者替前者完成减排任务，同时也获得碳排放权配额出售的收益。早期的碳市场指的就是这种碳排放权的交易场所，也就是碳排放交易市场。碳交易市场是碳金融市场的发展前提和基础，为碳金融市场的发展提供必要的要素组成和规则支撑。狭义的碳金融市场专指以碳排放权为交易标的的碳交易市场。

伴随着碳交易规模的增大，政策风险、法律风险和市场风险等受到重视，用于规避风险且具有投资价值的碳金融衍生工具（碳远期、碳期货期权、碳互换等）逐渐活跃于市场；之后碳金融资管业务也开始出现，碳排放权的金融属性凸显，衍生出了更广泛的碳金融市场。

同时，基于碳排放权、排污权、节能环保等各类环境权益的融资工具也发展起来，又被称为绿色金融，如绿色贷款、绿色债券、绿色基金等，拓宽了企业绿色融资渠道，并进一步发展出环境权益回购、保理、绿色保险等金融产品。

至此形成广义的碳金融内涵，指涉及一切与温室气体减排和绿色低碳发展相关的金融活动和制度安排（图 20–1）。狭义的碳金融主要包括碳排放权交易，以及基于碳排放权衍生出来的碳金融衍生品交易和碳资管业务。

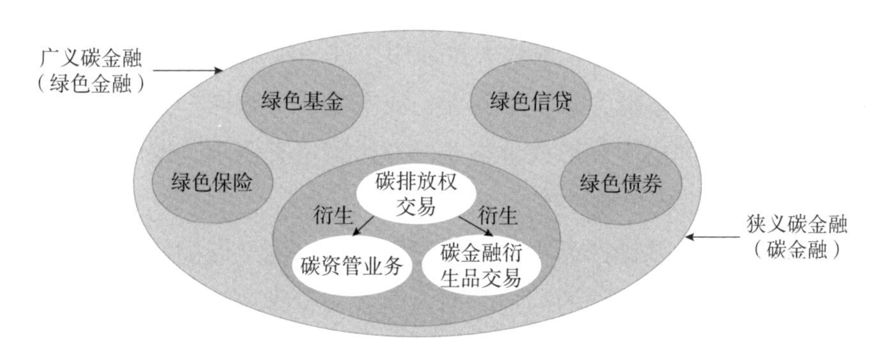

图 20–1　广义与狭义碳金融内涵

资料来源：https://www.thepaper.cn/newsDetail_forward_14824919

与其他金融活动相比，碳金融活动具有四点特性：

（1）公益性：碳金融市场功能是维护气候公共利益，而非追求经济效益。

（2）专业性：碳金融要求从事碳金融业务的机构、个人具有传统金融之外的相关专业知识和资质，包括碳排放配额总量目标确定、配额初始分配、配额管理以及温室气体排放监测、报告、核证等。

（3）跨行业性：碳金融市场主体广泛，包括政府、排放企业（单位）、交易机构、核查机构、监测机构及其他组织和个人。

（4）国家干预性：碳金融市场自创建到运行都需要国家干预，具体表现在四个方面。一是政府在其运行过程中发挥重要的宏观调控作用；二是碳金融初级市场的产品、碳排放配额和信用由政府确定并分配；三是其核心主体、纳入碳排放权交易体系的企业（单位）由政府确定；四是其服务主体、碳排放权交易咨询机构、温室气体排放核查机构由政府认定并授予资格。

02 国际碳排放权交易市场发展

碳排放权原本并非商品，也没有显著交易价值，1997 年《京都议定书》的签订改变了这一切。按《京都议定书》规定，到 2010 年所有发达国家二氧化碳、甲烷等 6 种温室气体的排放量要比 1990 年减少 5.2%。发达国家能源利用效率高，新能源技术被大量采用，进一步减排成本高、难度较大；发展中国家能源效率低，减排空间大、成本低，导致同一减排目标在不同国家之间存在不同成本，形成价格差，发达国家有需求，发展中国家有供应能力，碳交易市场由此产生。

碳市场交易的基础产品主要有碳配额和碳信用。碳配额是指经政府主管部门核定，企业所获得的一定时期内向大气中排放温室气体（以二氧化碳当量计）的总量；而碳信用指通过国际组织、独立第三方机构或者政府确认的，一个地区或企业以提高能源使用效率、降低污染或减少开发等方式减少的碳排放量，并可以进入碳市场交易的排放计量单位。碳配额的主体是碳排放量，碳信用的主体是碳减排量。

清洁发展机制、联合履约和排放贸易是《京都议定书》规定的 3 种碳交易机制，如图 20-2 所示。清洁发展机制、联合履约两种机制是“碳信用”管理机制中最常见的两类国际机制。清洁发展机制是《联合国气候变化框架公约》的一部分。作为最大的基于项目的监管机制，清洁发展机制为高收入国家的公共和私营部门提供了从低收入或中等收入国家的碳减排项目购买碳信用的机会。清洁发展机制参与制定标准和验证项目，产生的碳信用由授权的第三方验证和认证。联合履约指发达国家之间通过项目级的合作，所实现的温室气体减排抵消额，可以转让给另一发达国家缔约方，但是同时必须在转让方的允许排放限额上扣减相应的额度。排放贸易指一个发达国家，将超额完成减排义务的指标，以贸易

的方式转让给另外一个未能完成减排义务的发达国家，并同时从转让方的允许排放限额上扣减相应的转让额度。

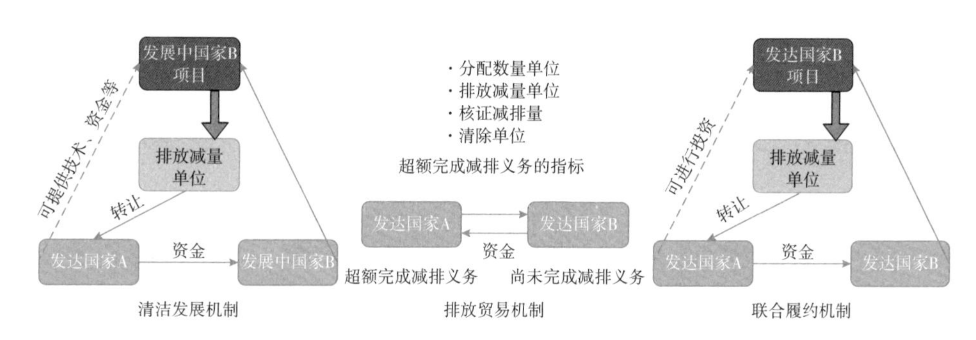

图 20–2 《京都议定书》下三种减排合作机制

核证减排量是清洁发展机制中的特定术语。经核证的减排量是基于清洁发展机制的国际合作所产生的碳当量，用于强制性减排交易，是指从一个被批准的清洁发展机制项目中得到的，经过对 1 吨碳的收集、测量、认证、签发所得到的减排指标。

自愿减排量是指经过联合国指定的第三方认证机构核证的温室气体减排量，是自愿减排市场交易的碳信用额。一般来说，经核证的减排量可以转化成自愿减排量来卖。而自愿减排量不能作为经核证的减排量来卖，因为一般而言自愿减排量的执行标准没有经核证的减排量高，更重要的是经核证的减排量是基于《京都议定书》框架下强制减排的行为，相对更为严肃，需要联合国执行理事会的认可，与自愿减排量有本质区别。

全球范围内主要碳交易体系包括欧盟碳市场、英国碳市场、美国区域温室气体减排行动、美加西部气候倡议（截至 2022 年北美地区最大的碳交易市场）、加州碳排放交易体系、韩国碳市场、新西兰碳市场、中国全国统一碳市场和试点地区碳市场等。截至 2021 年，全球共有 33 个碳排放权交易体系已投入运行，涉及电力、工业、航空、建筑等多个行业（表 20–1），覆盖国家和地区的 GDP 总量约占全球总量的 54%，人口总数约占全球总人口的 1/3，温室气体排放总量约占全球总量的 16% 以上，通过拍卖配额累计筹集超 1030 亿美元资金。

表 20–1　全球主要碳市场基本情况

经济体	成立时间	覆盖部门	分配方法	2022 年排放上限（10^8 吨二氧化碳当量）
欧盟	2005 年	航空、工业、电力	拍卖、无偿分配	1597（2021 年）
新西兰	2008 年	农业、林业、废弃物、航空、运输、建筑、工业、电力	无偿分配、拍卖	34.5
瑞士	2008 年	航空、工业、电力	无偿分配、拍卖	4.9(工业,2020 年)；1.1（航空，2021 年）
日本东京	2010 年	建筑、工业	无偿分配	12.1（2019 年）
美国区域温室气体减排行动	2010 年	电力	拍卖	88.0
日本埼玉	2011 年	建筑、工业	无偿分配	7.3（2019 年）
美国加利福尼亚	2012 年	交通、建筑、工业、电力	无偿分配、拍卖	307.5
加拿大魁北克	2013 年	交通、建筑、工业、电力	无偿分配、拍卖	54
韩国	2015 年	废弃物、航空、建筑、工业、电力	无偿分配、拍卖	589
加拿大新斯科舍	2019 年	交通、建筑、工业、电力	无偿分配、拍卖	12.1
德国	2021 年	交通、建筑	固定价格，2025 年后实行拍卖	301（2021 年）
英国	2021 年	航空、工业、电力	无偿分配、拍卖	151.4

资料来源：https://icapcarbonaction.com/en/ets。

全球碳市场发展迅猛，数量不断增加，覆盖范围加速扩大。根据《2021 年碳市场回顾》报告显示，2021 年，全球碳市场交易总量达到 158 亿吨二氧化碳当量，同比增加 24%；交易总额同比增长 164%，主要原因是交易价格飞涨。全球碳市场具体见表 20–2。

表 20-2　2020—2021 年全球碳市场规模

	2020 年		2021 年		交易量涨跌幅（2020—2021 年）	交易额涨跌幅（2020—2021 年）	交易总额占比（2021 年）
	百万吨	百万欧元	百万吨	百万欧元			
欧盟碳排放权交易系统	10478	260067	12214	682501	17%	162%	90%
英国碳排放权交易系统	无	无	335	22847	无	无	3%
北美碳市场	2010	26028	2680	49260	33%	89%	6%
韩国碳市场	44	870	51	798	16%	–8%	< 1%
新西兰碳市场	30	516	81	2505	170%	385%	< 1%
核证减排量	16	61	38	151	138%	148%	< 1%
总计	12712	287799	15811	759351	24%	164%	

资料来源：https://www.vzkoo.com/document/202205197336303186090b85e83aff2d.html。

03　中国碳排放权交易市场

中国碳排放权交易市场建设主要包括建设以《碳排放权交易管理暂行条例》为基础的政策法规体系，建设以排放数据直接报送系统、碳排放权注册登记系统、交易系统和结算系统等为主的支撑体系，建设以排放核算报告和核查制度、排放配额分配制度、碳交易监督管理制度为主的制度体系，并明确交易主体、交易产品和交易平台等内容。

2011 年，中国碳市场试点工作启动，北京、天津、上海、重庆、湖北、广东及深圳成为首批碳排放权交易试点地区；2016 年底，福建碳市场正式开业，中国试点地区增加至 9 个，具体见表 20-3。2021 年 7 月 16 日，全国碳排放权交易市场开市，这是全球最大规模的碳市场，同时启动配额交易。全国碳市场试运行阶段与地方试点碳市场双轨并行，交叉重叠的控排企业将逐步纳入全国市场。

碳排放配额分配是碳排放权交易制度设计中与企业关系最密切的环节。

企业为了履约，每年必须核销与自身排放量等量的配额。

企业配额有三种分配方法：（1）基准线法，即“碳排放强度行业基准值”，是某行业代表某一生产水平的单位活动水平排放量，根据技术水平、减排潜力、排放控制目标等综合确定，用产品产量与基准值相乘得到配额量。（2）历史排放法，是以企业历史碳排放数据为依据进行分配而不计企业的实际产量，一般取过去 3 ~ 5 年的均值来减少产值波动带来的影响。这种方法是鼓励企业排放值下降，但如果企业产量上升，将付出的代价极大。（3）历史强度法，是以企业历史的单位产品排放水平作为配额分配的依据。这种分配方法在试点地区的配额分配中广泛运用。主要的优点是较容易得到基准计算的数据，但由于比对的是企业自身排放的现状与历史排放量，对于原有排放水平较低的一些企业就不公平。技术水平越高、排放水平越低，其改善的难度就越大。在强度要求逐年下降的情况下，反而是一些优质的企业在碳市场上吃亏，造成了逆淘汰的现象。

表 20–3　中国碳市场试点城市

试点城市	配额分配模式	配额分配方法	覆盖行业	交易主体
上海市	无偿配：100% 免费，一次性分配 2013—2015 年的配额，适度考虑行业增长	行业基准线法	钢铁、石化、化工、金属、电力、建材、纺织、造纸、橡胶等，达到城市碳排放量的 57%	履约企业、机构投资者
北京市	混合模式：95% 以上免费，以上年数据为基础	历史强度法	电力、热力、水泥、汽车制造和公共建筑等行业，达到城市碳排放量的 50%	履约企业、机构投资者
天津市	混合模式：以免费发放为主、以拍卖或固定价格出售等有偿发放为辅	历史强度法	钢铁、石化、化工、电力、炼油等行业，达到城市碳排放量的 60%	履约企业、机构投资者、个人投资者
重庆市	无偿分配：100% 免费，按逐年下降 4.13% 的目标确定年度配额总量上限	自主申报（历史法）	水泥、钢铁、电力等行业，达到城市碳排放量的 30% ~ 40%	履约企业

续表

试点城市	配额分配模式	配额分配方法	覆盖行业	交易主体
广东省	混合模式：2013 年电力企业的免费额为 97%，2014 年的免费额为 95%，按年发放	纯发电机组考虑行业基准线法、热电联产机组采用历史排放法	电力、水泥、钢铁、陶瓷、石化、塑料、造纸等行业，达到全省碳排放量的 42%	履约企业、机构投资者
湖北省	无偿分配：100% 免费	历史强度法	钢铁、化工、电力、水泥等行业，达到全省碳排放量的 35%	履约企业、机构投资者、个人投资者
福建省	无偿分配：100% 免费	基准线法、历史强度法和历史总量法相结合	钢铁、石化、化工、有色、电力、建材、航空、造纸、陶瓷等 9 个行业	履约企业、机构投资者、个人投资者
深圳市	混合模式：90% 以上配额免费发放，一次性分配 2013—2015 年的配额，考虑行业增长	燃煤电厂采用行业基准线法，燃气电厂采用历史强度法	电力、燃气、排水等行业	履约企业、机构投资者、个人投资者

按照碳交易的分类，中国碳交易市场有两类基础产品，一类为政府分配给企业的碳排放配额，另一类为国家核证自愿减排量。国家核证自愿减排量是通过实施项目削减温室气体而获得的减排凭证。在履约过程中，企业如果超出国家给的碳配额，就需要购买其他企业的，这样就形成了碳交易。但也可以通过采用新能源等方式自愿减排，这种自愿减排量经过国家认证之后，就称为国家核证自愿减排量。国家核证自愿减排量交易机理如图 20–3 所示。

根据《全国碳排放权配额总量设定与分配实施方案》，全国碳排放权交易市场覆盖石化、化工、建材、钢铁、有色、造纸、电力（含自备电厂）和航空等八个行业中年度综合能源消费量 1 万吨标准煤（约 2.6 万吨二氧化碳当量）及以上的企业或经济主体（简称成“重点排放单位”）。

2021 年 1 月 1 日起，全国碳市场首个履约周期正式启动。首个履约周期截止到 2021 年 12 月 31 日，涉及 2225 家发电行业的重点排放单位，地区分布如图 20–4 所示。这是我国第一次从国家层面将温室气体控排责任全面和直接落实到企业，通过市场倒逼机制，推进企业绿色低碳转型。

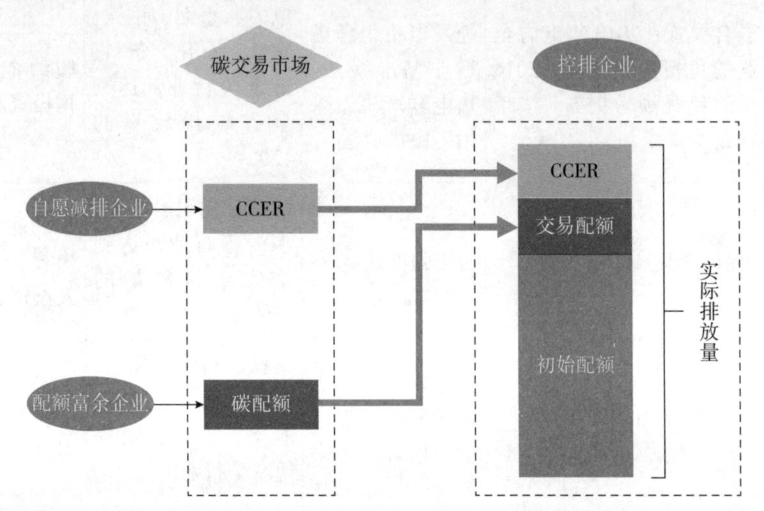

图 20–3　国家核证自愿减排量交易机理

资料来源：https://www.shuishushi.com/2021/05/18/9142.html/8

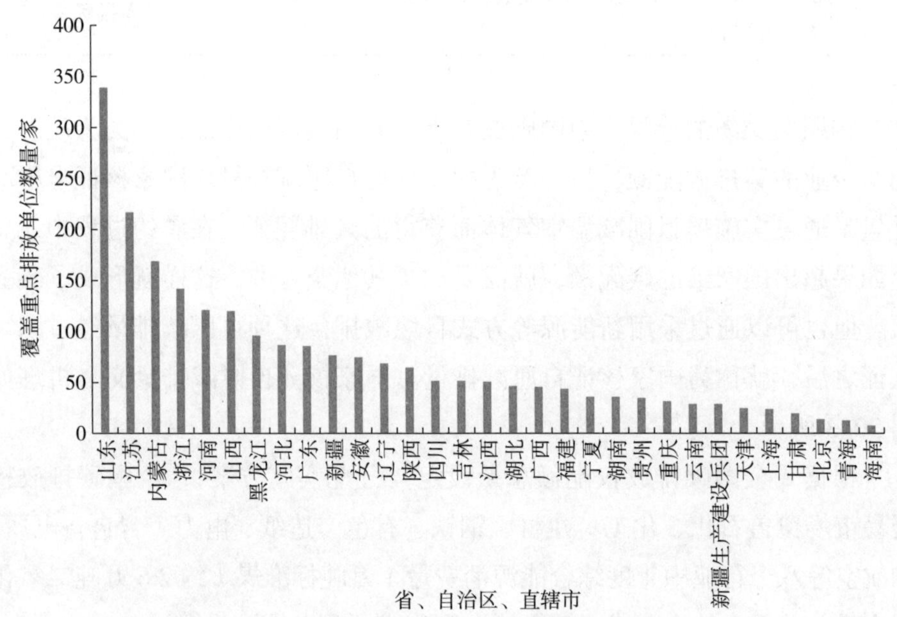

图 20–4　全国碳市场覆盖重点排放单位分布情况

资料来源：中国碳市场回顾与展望（2022）

截至 2021 年 12 月 31 日，中国试点碳市场纳入七个试点碳市场的排放企业和单位共有 2900 多家，累计分配的碳排放配额总量约 80 亿吨。截至 2021 年，七个试点碳市场累计完成配额交易总量约 3626.24 万吨，达成交易额约 11.67 亿元，具体见表 20–4。

表 20–4　七个试点碳市场累计线上配额成交情况

试点	开市时间	成交总量（万吨）	成交总额（亿元）	成交均价（元 / 吨）
北京	2013.11.28	1640.03	10.37	56.42
天津	2013.12.26	1866.43	4.10	21.96
上海	2013.11.26	1778.55	5.46	30.71
深圳	2013.6.8	4921.82	11.85	24.08
广东	2013.12.19	17602.29	36.19	20.56
湖北	2014.4.2	7637.86	17.56	22.99
重庆	2014.6.19	971.28	0.66	18.28

资料来源：中国碳市场回顾与展望（2022）。

04　中国碳金融产品发展情况

为了满足多样化的市场交易需求，上述试点地区进行了碳债券、碳基金、绿色结构存款、碳配额场外掉期、借碳交易、碳配额远期等创新实践。以绿色债券市场为例，自 2016 年启动以来，年发行规模保持在 2000 亿元人民币以上，2020 年达 2786.62 亿元，截至 2020 年末绿色债券存续余额达到 8132 亿元，位居世界第二。《中国碳中和债发展报告 2021》显示，到 2021 年 9 月末，碳中和债累计发行 192 只，募集规模达 1904.72 亿元。

我国碳金融市场制度包括三个方面：碳金融市场参与主体、碳金融产品和碳金融市场层次结构。其中，碳金融市场参与主体是碳金融市场制度的核心，通过明确各方参与主体在碳金融市场中的作用为碳金融市场制度的运行奠定基础；碳金融产品是碳金融市场制度的重要组成部分，碳金融产品的开发和创新为碳金融市场制度的运行保驾护航，提供更多的资金流入渠道；碳金融市场层次结构是碳金融市场制度的体系支撑，碳金融市场的自律规范制度与宏观审慎监管制度相互作用，为碳金融市场制度的系统化运作提供有力支持。

中国碳金融产品不断丰富，碳金融的发展既要顺应国家绿色低碳发展需求，也要谋划金融业的可持续发展并不断提高相应能力。金融衍生品在现代市场体系中已扮演着套期保值和投机套利等重要角色。碳衍生品属于金融衍生品中以碳资产为标的的产品，也具备同样的功能和作用，包括反映碳价格预期、提高碳交易活跃度、增强碳市场流动性、提供碳风险管理工具等。国务院《关于进一步促进资本市场健康发展的若干意见》提出，允许符合条件的机构投资者以对冲风险为目的使用期货衍生品工具，清理取消对企业运用风险管理工具的不必要限制，为金融机构参与碳金融衍生产品市场打开了大门。

我国碳金融产品的主要类型如下：

（1）碳市场交易工具。

①碳货币：以碳信用为本位的货币形式，碳币值代表国际碳市场上每吨二氧化碳当量物排放权的价值。实际碳排放额度与分配指标的差额乘以碳市场的交易价格，构成一个时期内一国或一地的碳货币总量。在碳货币体系下，除一国的经济实力和黄金储备外，碳排放权额度将成为影响货币地位和币值的决定性因素。

②碳期货：以碳排的权配额及项目减排量等现货合约为标的物的合约，能够解决市场信息的不对称问题，引导碳现货价格，有效规避交易风险。

③碳期权：在碳期货基础上产生的一种碳金融衍生品，是指交易双方在未来某特定时间以特定价格买入或卖出一定数量的碳标的权利。碳期权的交易方向取决于购买者对于碳排放权价格走势的判断。与碳期货一样，碳期权可以帮助买方规避碳价波动所带来的不利风险，具备一定的套期保值功能。

④碳基金：碳汇基金的简称。国际上通常指“清洁发展机制”下温室气体排放权交易的专门资金，主要有以下几类：一是世界银行型基金；二是国家主权基金；三是政府多边合作型基金；四是金融机构设立的盈利型基金；五是非政府组织管理的碳基金；六是私募碳基金。碳基金的投向可以有三个目标：一是促进低碳技术的研究与开发；二是加快技术商业化；

三是低碳发展的孵化器。我国碳基金的资金来源应以政府投资为主，多渠道筹集资金，按企业模式运作。

⑤碳远期：国际市场上进行核证减排量交易的最常见和成熟的交易方式之一，买卖双方以合约的方式，约定在未来某一时期以确定价格买卖一定数量配额或项目减排量。碳远期的意义在于保值，帮助碳排放权买卖双方提前锁定碳收益或碳成本。

⑥碳掉期：以碳排放权为标的物，双方以固定价格确定交易，并约定未来某个时间以当时的市场价格完成与固定价交易对应的反向交易，最终只需对两次交易的差价进行现金结算。现阶段中国的碳掉期主要有两种模式：一是由控排企业在当期卖出碳配额，换取远期交付的等量国家核证自愿减排量和现金；二是由项目业主在当期出售国家核证自愿减排量，换取远期交付的不等量碳配额。

⑦碳指数交易产品：基于碳指数开发的交易产品。

⑧碳资产证券化：碳配额及减排项目的未来收益权，都可以作为支持资产证券化进行融资；债券型证券化即碳债券。

（2）碳市场融资工具。

①碳质押：以碳配额或项目减排量等碳资产作为担保进行的债务融资。

②碳回购：重点排放单位或其他配额持有者向碳排放权交易市场其他机构交易参与人出售配额，并约定在一定期限后按照约定价格回购所售配额，从而获得短期资金融通的碳融资工具。

③碳托管：一方为了保值增值，将其持有的碳资产委托给专业碳资产管理机构集中进行管理和交易的活动，碳托管实际上是一种融碳工具。

④借碳交易：符合条件的配额借入方存入一定比例的初始保证金后，向符合条件的配额借出方借入配额并在交易所进行交易，待双方约定的借碳期限届满后，由借入方向借出方返还配额并支付约定收益的行为。

（3）碳市场交易工具。

①碳指数：既是碳市场重要的观察工具，也是开发碳指数交易产品的基础。目前我国有中碳指数为碳市场投资者和研究机构分析、判断碳市场动态及大势走向提供基础信息。

②碳保险：为了规避减排项目开发过程中的风险，确保项目减排量按期足额交付的担保工具。它可以降低项目双方的投资风险或违约风险，确保项目投资和交易行为顺利进行。

05 碳金融助力碳达峰碳中和

碳金融本身不能直接降低温室气体排放，但可以利用市场机制影响和减少温室气体排放，是实现“双碳”目标的重要政策工具，可以较低成本实现特定减排目标。

碳排放交易机制的持续影响能够强有力地促进减污降碳的技术开发和技术转让。碳排放交易机制既能将控排责任压实到企业，又能为碳减排提供相应的经济激励机制，降低全社会的减排成本，同时带动绿色技术创新和产业投资，为处理好经济发展与碳减排的关系提供了有效的工具。碳排放交易机制核心优势是将碳排放权市场化，即赋予二氧化碳相应的市场价格，并在这一价格下积极采取切实可行的措施对节能减排给予合理补偿，以较少社会成本达到控制碳排量的总体目的。碳排放交易机制既能够有效实现节能减排的目标，还能获利。

发展碳金融是充分发挥市场在资源配置中的决定性作用和更好地发挥政府作用。一方面，能够通过碳交易为减排企业带来收益，替代部分国家财政补贴，形成市场化的激励约束机制，有效地引导政府和社会资本对低碳产业的投资，促进碳减排和经济清洁低碳转型；另一方面，有利于政府相关部门利用碳市场的价格信号提前优化调整绿色低碳政策，提高宏观调控的科学性。

发展碳金融，扩大碳市场参与主体、丰富碳市场交易工具等，是提升碳市场有效性较为可行的手段。发展绿色金融助力经济转型和“双碳”目标实现已然成为未来经济社会发展的重要驱动力之一。

在碳排放权交易市场推动下，碳金融市场作为我国低碳经济发展模式转型的后盾，逐步进入大众视野。碳金融是传统金融在低碳经济发展下的产物，是发展低碳经济的动力机制，作为气候治理的金融活动，稳定高效的运作模式是实现其环境与经济双重红利的有力保障。

生活碳达峰碳中和：倡导绿色理念与生活

“双碳”与我们每个人的生活息息相关。一方面是指风能、光能等可再生能源将走上电力主场，交通、建筑、家居都将转向电气化，垃圾分类、节能减排将彻底融入生活，所有这些必将引发生产、生活方式全方位的深刻改变，同时，也必将给我们每个人带来更多的获得感和幸福感。另一方面是指我们每个人都应该是实现“双碳”目标的积极参与者，而不是消极的旁观者，地球是大家的，维持生态平衡需要大家在生活中共同努力。了解“双碳”相关的节日，促进全员参与到节能减排、低碳生活中来，选择简约舒适、节能低碳的生活与工作方式，树立节能新理念，节约资源，节约能耗，减少个人生活中的二氧化碳排放，为早日实现“双碳”目标贡献出一份力量。

第 21 章　全员参与

共建绿色宜居地球

01　世界地球日

世界地球日为每年的 4 月 22 日，是一个专为世界环境保护而设立的节日，旨在提高民众对于现有环境问题的认识，并动员民众参与到环保行动中，通过绿色低碳生活，改善地球整体环境。世界地球日由盖洛德 · 尼尔森和丹尼斯 · 海斯于 1970 年发起。现今，世界地球日的庆祝活动已发展至全球 192 个国家，每年有超过 10 亿人参与其中，已成为世界上最大的民间环保节日。

世界地球日主要围绕着十大环境问题展开：全球气候变暖、臭氧层的耗损与破坏、生物多样性减少、酸雨蔓延、森林锐减、土地荒漠化、大气污染、水污染、海洋污染以及危险性废物越境转移。中国从 20 世纪 90 年代开始参与世界地球日活动，主要向社会公众普及地球科学知识，增强全社会对地球科学的认识和有效利用，提高公众对国情的认识，实现人与自然和谐发展。

02　地球超载日

2006 年，国际民间组织“全球足迹网络”首次提出“地球超载日”的概念，又被称为“生态越界日”或“生态负债日”，是指地球当天进入了本

年度生态赤字状态，已用完了地球本年度可再生的自然资源总量。地球超载日的计算方法是，将全球生物承载力（地球当年能够生产的自然资源总量）除以全球生态足迹（人类在这一年对资源的总需求量），再乘以 365 天。人类在这天正式用完地球一年可再生的自然资源总量，进入本年度“生态赤字”的状态。经测算，2018 年的“地球超载日”为 8 月 1 日，2019 年是 7 月 29 日。2020 年受新冠疫情影响，人类生态足迹收缩，“地球超载日”是 8 月 22 日，比 2019 年晚了 24 天，这也是过去几十年的首次推迟。限于数据可得性，地球超载日的估算并不精确，但它直观地警告人类，生态超载可能带来资源枯竭、生态退化、灾难频发等严重后果，保护地球刻不容缓。

03　世界环境日

世界环境日为每年的 6 月 5 日，反映了世界各国人民对环境问题的认识和态度，表达了人类对美好环境的向往和追求，也是联合国促进全球环境意识提升、提高对环境问题的关注度并采取行动的主要媒介之一。联合国环境规划署在每年 6 月 5 日选择一个成员国举行“世界环境日”纪念活动，发表《环境现状的年度报告书》及表彰“全球 500 佳”，并根据当年的世界主要环境问题及环境热点，有针对性地制定“世界环境日”主题，总称世界环境保护日。

2014 年 4 月 24 日，中国第十二届全国人民代表大会常务委员会第八次会议修订通过的、自 2015 年 1 月 1 日起施行的《中华人民共和国环境保护法》规定，每年 6 月 5 日为环境日。2019 年世界环境日由中国主办，主场活动设在杭州，主题是“蓝天保卫战，我是行动者”。

04　全国低碳日

为普及气候变化知识，宣传低碳发展理念和政策，鼓励公众参与，推动落实控制温室气体排放任务，2012 年 9 月 19 日，国务院总理温家宝主持召开国务院常务会议，听取退耕还林工作汇报，讨论通过《京津风沙源治理二期工程规划（2013—2022 年）》。会议决定自 2013 年起，将每年 6 月全国节能宣传周的第三天设立为“全国低碳日”，旨在坚持“以人为本”理念，加强适应气候变化和防灾减灾的宣传教育。

“全国低碳日”活动的具体组织工作，将由发展和改革委员会会同有关部门和单位加以落实。在年度主题和重点活动设计上，有关部门将与“全国节能宣传周”活动统筹考虑，避免重复和雷同。各地区、各部门将按照全国活动方案，组织开展各具特色的“全国低碳日”活动。

05 国际保护臭氧层日

保护臭氧层就是保护蓝天，保护地球生命。为了唤起公众环境保护意识，1995 年 1 月 23 日，联合国大会决定，每年的 9 月 16 日为国际保护臭氧层日，要求所有缔约国按照《关于消耗臭氧层物质的蒙特利尔议定书》及其修正案的目标，采取具体行动纪念这个日子。

臭氧层是地球的一道天然屏障，臭氧层能够吸收太阳光中的紫外线，保护地球上的人类和动植物免遭短波紫外线的伤害；臭氧吸收太阳光中的紫外线并将其转换为热能加热大气，正是由于存在着臭氧才有平流层的存在；在对流层上部和平流层底部，如果臭氧减少，则会产生使地面气温下降的动力。臭氧层作为地球的“保护伞”，一旦出现问题，就会给人类健康和生态环境带来严重影响。

06 人类社会行为如何影响“碳平衡”

碳平衡是指碳排放者对一定阶段内无法消除自己产生的碳排放，通过产生或购买碳抵消额的形式，完全消除碳排放的一种环保行为。在人类发展的很长一段时间，地球上的碳基本保持着“边增长，边消耗”的动态平衡。但是进入工业时代，人类开始大量开发使用化石燃料，把地球存储下来的碳元素转化为二氧化碳释放到空气中，打破了“碳平衡”，造成了全球

变暖的后果。

碳平衡是现代人为减缓全球变暖所做的努力之一。利用这种环保方式，人们或企业计算自己日常活动直接或间接制造的二氧化碳排放量，并计算抵消这些二氧化碳所需的经济成本，然后通过排放多少碳就采取多少抵消措施来达到原排放者的碳平衡，即碳排放者可以自行计算或委托专业机构计算自己产生的碳量；碳排放者可以用建造等量的再生能源，平衡自己生活和生产而释放到大气中的二氧化碳；或者仅使用可再生能源，不产生任何二氧化碳，而达到碳平衡；或者直接付款，委托专业的碳机构，购买碳额，或植树等方式减碳以达到碳平衡。

07　“双碳”目标下的社会新秩序

共同推动能源消费转型、生活方式革新，协同推动绿色、健康、安全的可持续发展战略，降低碳排放量，实现碳中和，共塑更加清洁、美丽的人类生态家园，是当今全球每个国家必须高度负责的集体行动任务。

2003 年，在能源安全与气候变化的双重压力下，英国首次提出低碳经济的概念，就是在可持续发展理念指导下，通过技术创新、制度创新、产业转型、新能源开发等多种手段，尽可能地减少煤炭、石油等高碳能源消耗，减少温室气体排放，达到经济社会发展与生态环境保护双赢的一种经济发展形态。随后，低碳经济的概念逐渐深入到各国经济社会发展过程中，并在日益成熟的低碳技术支撑下，逐步实现了产业化。

“双碳”经济是以实现国家“双碳”目标为导向，以绿色新发展理念为指导，以先进低碳技术为支撑，以产业低碳化转型与低碳产业化发展为主要内涵，带动经济社会高质量发展的新型经济形态，是在低碳经济概念基础上的延展和升华。一是经济影响力的提升。相较于以前的低碳经济，“双碳”经济涉及农业、制造业、服务业、社会治理等方面，能够引起经济社会各领域生产方式和生产关系发生革命性变化。二是时间紧迫性的增强。如果说过去一段时间低碳经济、技术和产业经历由萌芽期到发展过渡期的演变，那么我国“双碳”目标的明确提出将要求低碳和零碳的相关政策、技术、产业要迅速向成熟期迈进。三是实践操作性的强化。“双碳”目标的提出将碳在我国经济社会发展中的地位提升到新的高度，无论是碳排放指标的调整，还是大规模市场化碳交易，都倒逼对碳的评估由过去的定性分析向当前和未来的精准量化转变，保障经济发展、低碳转型获得切实可见的成效。

08 碳达峰碳中和的社会公众责任

2020 年 12 月 9 日，联合国环境规划署发布的《2020 排放差距报告》探讨了如何通过公平低碳的生活方式来弥合排放差距。按消费侧排放计算，全球约三分之二的碳排放都与家庭排放有关，且一部分穷人不能满足基本需求，另一部分富人过度消费。全球最富有的 1% 人口的排放量是最贫穷的 50% 人口的总排放量的两倍以上。要实现碳中和目标，需要在全球范围实现公平低碳的生活方式，到 2030 年需要将人均消费侧碳排放控制在 2 ~ 2.5 吨二氧化碳当量，到 2050 年进一步减少到 0.7 吨二氧化碳当量。生活方式的改变是持续减少温室气体排放和弥合排放差距的先决条件。

作为消费者，可以从五个层面采取行动：第一，加强对碳达峰碳中和目标的认知，并自觉与日常生活联系起来；第二，努力获取信息，了解自己的直接和间接碳排放，了解所购买产品的能耗和排放信息；第三，基于信息做出更好的消费选择，包括避免不必要的消费，转变消费方式，必需的消费要尽可能降低消费产生的碳排放和环境影响；第四，准备好为高质量、低排放的产品付出更高的价格；第五，积极宣传，帮助他人提高减排意识并做出更好选择。消费者的选择可以影响到生产者，促进生产企业做出改变，从而为碳达峰碳中和目标做出重要贡献。

第 22 章　低碳生活

衣食住行处处减碳

01　“衣”着低碳简约时尚

服装行业污染问题来源已久，根据麦肯锡估算，每生产 1 公斤纺织品平均排放 23 公斤温室气体。全球每年与纺织品生产相关的温室气体排放总量约 12 亿吨，占全球总排放量的 4%，超过所有国际航班和海运排放的总和。作为纺织大国，中国纺织行业碳足迹同样不可小觑。在中国制造业细分的 31 个门类中，纺织行业碳排放高居第 6 位。2021 年 6 月发布的《纺织行业“十四五”发展纲要》中明确提出纺织行业的绿色发展目标，即“十四五”末达到单位工业增加值能源消耗、二氧化碳排放量分别降低 13.5% 和 18%，同时强调大力发展节能减碳重点工程。可见，在“双碳”目标顶层设计下，中国纺织行业亟待开展节能减排转型。

为减少服装方面的碳排放，我们能够做到最有效的就是穿低碳简约时尚“衣”，从源头上减排，减少不必要购买新服装的次数。艾伦・麦克阿瑟基金会数据显示，少买服装从而减少新服装生产过程中产生的温室气体排放，“多穿几次”这种方法可将服装相关温室气体排放影响降低 44%。在保证生活需求的前提下，每人每年少买一件不必要的衣服，可节能约 2.5 千克标准煤，相应减排二氧化碳 6.4 千克。如果全国每年有 1 亿人能做到这一点，就可以节能约 25 万吨标准煤，减排二氧化碳 64 万吨。此外，一件衣服 76% 的碳排放来自使用过程中的洗涤、烘干、熨烫等环节。洗涤过程不仅耗费大量水和电，洗涤剂和干洗剂还会造成新的环境污染。洗涤过程中要做到低碳，可以从机洗改为手洗。如果每月用手洗代替一次机洗，每台洗衣机每年可节能约 1.4 千克标准煤，相应减排二氧化碳 3.6 千克。如果全国 1.9 亿台洗衣机都因此每月少用一次，那么每年可节能约 26 万吨标准煤，减排二氧化碳 68.4 万吨。最后，在废旧衣物处理方式中，最好的一种就是旧衣翻新，既可以避免衣物被闲置或者被作为垃圾焚烧，又可以增加衣物利用率，减少新衣添置，从而减少碳排放。旧衣通过一定的处理，比如剪裁、缝纫等，变成生活中所需的其他物品，包括抹布、墩布、口袋等，或通过捐赠，可以避免旧衣被当作垃圾扔掉，对环境造成污染。

02 “食”光盘有机餐饮

在人类消费的众多活动中，食物消费是温室气体产生的重要来源。从食物生产到消费的过程中，包含食材的获取、加工、输送、存储、烹饪和处置等多个阶段，每一个阶段都会产生温室气体排放，均会对生态、社会及经济带来一定的潜在影响，只有“食”光盘有机餐饮才能有效减排。

低碳饮食遵循食物生命周期观念，获取、使用和处置食材，通过直接或间接减少温室气体排放的方式，尽可能缓解饮食对生态环境造成的破坏。低碳饮食并不是提倡偏重素食，而是倡导更多地选择低碳食材（如当季、当地、原生态、植物性产品等）、选择低碳烹调方式及减少厨余垃圾等，吃得简单健康，均衡摄取各类食物。低碳饮食目的是通过选择更环保、更健康的饮食行为，不仅满足个体健康需求，还兼顾环保效益，最终实现人与环境和谐与持续发展。食品消费是温室气体排放的主要来源，我们应该养成健康环保的低碳饮食习惯，通过低碳饮食降低碳排放。

据统计，每年全世界损失和浪费的粮食占粮食总产量的 13.8%，价值 4000 亿美元。联合国粮食与农业组织指出，全球每年浪费的食物多达 16 亿吨，其中可食用部分达到 13 亿吨。据中国科学院地理科学与资源研究所和世界自然基金会研究，中国餐饮业人均食物浪费量为每人每餐 93 克，浪费率为 11.7%，大型聚会浪费率达 38%，学生盒饭有 1/3 被扔掉。我国

是人口大国，广泛使用一次性筷子会大量消耗林业资源。如果全国一次性筷子使用量减少 10%，那么每年可减少二氧化碳排放量约 10.3 万吨。尽管少生产 1 个塑料袋只能节能约 0.04 克标准煤，相应减排二氧化碳 0.1 克，但由于塑料袋日常用量极大，如果全国塑料袋使用量减少 10%，那么每年可以节能约 1.2 万吨标准煤，减排二氧化碳 3.1 万吨。

03　“住”极简绿色建筑

根据《建筑碳排放计算标准》中给出的数据测算，中国平均建筑隐含碳排放强度为每平方米 640 千克，而装修钢、装修铝、装修陶瓷、装修玻璃及装修水泥等装修产品用量，将随着装修次数增加而增加，若建筑全生命周期为 50 年，则装修在全生命周期产生的碳排放将超过每平方米 600 千克，或超过建造碳排放。对于商业建筑，可能装修频率更高。21 世纪初，绿色建筑的概念借助太阳能发电、风能发电等建筑行业相关领域进入我国，逐渐引起建筑设计界的重视。十几年来，绿色建筑从建筑单体节能走向社区和基础设施的整体节能，从追求绿色居住场所走向推进生态城市建设，从绿色技术硬件的推广应用走向绿色社会风尚的倡导形成，越来越多的人“住”极简绿色建筑。

绿色建筑，即在全生命周期保持低能耗、环境友好并且健康宜居的高品质建筑，在建筑的全生命周期内，最大限度地节约资源（节能、节地、节水、节材）、保护环境和减少污染，为人们提供健康、适用和高效的使用空间，与自然和谐共生的建筑。从对既有建筑的绿色化改造到绿色建材，再到装配式建筑，近年来，中国已全面实现新建建筑节能。住房和城乡建设部最新数据显示，截至 2022 年上半年，中国新建绿色建筑面积占新建建筑的比例已经超过 90%。借助“浅层地热能”等先进技术手段，中国绿色建筑实现跨越式增长，在擦亮“低碳环保”新名片的同时，也在改变着人们的生活。

在建筑规划设计过程中，采取周密、有效的建筑设计措施，可降低 65% ~ 75% 的建筑能耗，但绿色建筑并不是只建设新建筑物，它还涵盖了对于老建筑和已有建筑的绿色改造，使原本的建筑通过相应的节能环保措施达到“绿色”的相关指标，从而达到保护生态环境、可持续发展的目的。就日常生活中的水、电、气等生活要素来说，在现有住宅建筑物的节能改造中，可以从购买水卡、电卡，插卡取用能源，对供暖计量实施改造等方面开始执行，经过绿色改造后的建筑平均碳排量将下降42%。绿色建筑近几年才逐步被公众所了解和认识，很多人误以为绿色就代表着先进的技术和前沿的科技，由此将“绿色”与高价和高成本画上了等号，这种认识是片面的。相对于普通建筑，“绿色建筑”的增量成本的确较高，但从全生命周期成本核算来看，其成本并不一定会比普通建筑高，甚至还会有所降低。从综合生态效益、居住舒适度考量，“绿色建筑”更具高性价比。

04 “行”低碳健康路

交通运输排放约占我国碳排放总量的10%，但在国际上，交通运输是减碳的重点领域。欧美发达国家在完成工业化以后，交通领域碳排放一般会占到碳排放总量的1/3左右，在工业、建筑等碳排放显著下降的情况下，交通领域碳排放还要持续增长。根据这一规律，中国交通碳排放也会持续增加。因此，我们需要未雨绸缪，在日常生活中“行”低碳健康路。

在出行方面，主要的减碳措施包括乘坐公共交通、购买碳排放量更低的新能源汽车或能效更高的燃油车、与人拼车、减少不必要的出行等。上班多采用骑行、乘坐公共交通或步行等较为低碳的出行方式。外出时，1公里之内尽量健步走，3公里之内选择骑自行车，不仅节约能源，还能加大运动量，提高身体素质。以开车上班为例，一天不开车，按上下班来回共10公里及每1公升汽油行驶10公里估算，可以减碳2.24千克。此外，私家车出行尽量减少车内不必要物品，减轻车内重量。一般来说，私家车每增加65公斤左右的重量，百公里油耗会增加1升，意味着如果汽车后备厢如果长期放置15 ~ 25千克的东西，百公里最少增加0.3升汽车油耗。按照每天往返120千米计算，一天最多增加0.35升汽油，一年下来多增加120多升，将产生76千克左右的碳排放。

提高节能汽车和新能源汽车的比重对汽车行业实现“双碳”目标有重要意义。在生产和报废回收阶段，新能源汽车和燃油汽车的碳排放量相当，而在车辆使用阶段，新能源汽车在碳减排方面有着明显优势。按照到 2030 年纯电动汽车的渗透率达 20% 测算，汽车行业可累计少排放约 3040 万吨二氧化碳当量。

05　垃圾分类创造再生价值

《2021 年中国城市建设状况公报》中指出，2021 年全国城市生活垃圾清运量 2.39 亿吨，无害化处理率达 99.8%，焚烧占比 68.1%。我国是垃圾生产大国，如何进行垃圾分类，让垃圾创造再生价值，是当前必须要面对的问题。1 吨废塑料可回炼 600 千克柴油，回收 1500 吨废纸可免于砍伐用于生产 1200 吨纸的林木。垃圾回收利用可以减少危害，但生活垃圾中有些不易降解的物质使土地受到严重侵蚀，废弃电池含有金属汞、镉等有毒物质，会对人类产生严重危害；土壤中的废塑料会导致农作物减产；抛弃的废塑料被动物误食，导致动物死亡的事故时有发生。垃圾回收利用也需要每个人为垃圾分类贡献自己的力量（图 22–1）。

图 22–1　垃圾分类绿色减碳示意图

资料来源：https://www.sohu.com/a/324444994_165258

2017年国务院办公厅转发国家发展和改革委员会、住房和城乡建设部《生活垃圾分类制度实施方案》，从国家决策的层面上给予了垃圾源头分类工作的肯定和支持。我国生活垃圾中餐厨垃圾占比达到59.3%。我国城市每年产生餐厨垃圾不低于6000万吨，年均增速预计达到10%以上。餐厨垃圾固液混合，具有高油脂的成分特点，相较于其他生活垃圾，不好清理，需要高温处理、固液分离。如果垃圾分类得当，厨余垃圾也有妙用。

在首创环境“宁波项目”的实施过程中可以清晰看到垃圾分类所带来的巨大环保效用。世界银行贷款宁波城镇生活废弃物收集循环利用示范项目将厨余垃圾转化为绿色天然气供居民使用，同时将富含腐殖酸的沼渣转化为有机肥回用到地力日趋贫瘠的土地。此举将大幅减少碳排放量，以一个城市800吨/天的处理量计算，绿色沼气的产量为6.9万标准立方米/天，除去项目本身及辅助设施的能耗和资源消耗带来的碳排放，碳减排量接近11万吨/年。

06 互联网公益激励绿色低碳行为

互联网企业积极践行“双碳”目标和绿色发展理念，为用户提供低碳出行、无纸化办公、旧物回收再利用等场景。借助“互联网+”力量，人们日常生活中的绿色变革正在加速进行，互联网公益激励绿色低碳行为。

蚂蚁集团从2016年开始在支付宝上线公益项目“蚂蚁森林”，持续向公益机构捐资，参与各地生态建设，通过这些“看得见的绿色”激励公众在日常生活中以低碳行为积攒“绿色能量”。截至2022年8月，蚂蚁森林已接入包括绿色出行、减纸减塑、在线办事、循环利用、节能降耗等方面的50多个低碳场景，累计见证了6.5亿人的低碳行动。6年时间里，蚂蚁森林共在内蒙古地区种植了2亿棵树木，累计产生“绿色能量”2600万吨左右。蚂蚁森林探索出的个人碳减排激励模式，6年来得以大规模实践并受到广泛认可，不仅证明对公众个人绿色低碳行为的激励，可以绕过“宣教—认知—行动”这样传统且相对漫长的过程，从而实现“先行后知”或者“在行中知”，也充分体现了互联网平台在个人碳减排激励方面

的优势。

在中国，移动互联网探索出了独特的中国方案。蚂蚁森林以互联网方式，有效激励了公众绿色低碳行为。在接入蚂蚁森林后，盒马弃用塑料袋订单提升了 22%，星巴克门店每天减少使用 1 万只一次性杯，饿了么选择不使用一次性餐具的用户增长 500%。21 世纪，伴随着科技的快速进步，生态与社会公益问题受到更加广泛的关注，在生态灾难面前，任何个体都难以置身事外，保护自然环境、恢复生态系统，成为整个社会需要慎重考虑的问题。

名词索引

01 碳达峰（Peak Carbon Dioxide Emissions）

碳达峰是指在某一个时点，二氧化碳排放量不再增长达到历史最高值，然后经过平台期进入持续下降的过程，也是二氧化碳排放量由增转降的历史拐点。

02 碳中和（Carbon Neutrality）

碳中和指的是人类活动排放的二氧化碳与人类活动产生的二氧化碳吸收量在一定时期内达到平衡。

03 气候中和（Climate Neutral）

气候中和指的是人类活动排放的温室气体与人类活动产生的温室气体吸收量在一定时期内达到平衡。

04 温室气体（Greenhouse Gases）

温室气体指的是大气中能吸收地面反射的长波辐射，并重新发射辐射的一些气体。水蒸气（H_2O）、二氧化碳（CO_2）、氧化亚氮（N_2O）、氟利昂、甲烷（CH_4）等是地球大气中主要的温室气体。

05 净零排放（Net Zero Emissions）

净零排放是指通过以“碳清除”的方式从大气层去除温室气体，平衡和抵消人为造成的温室气体排放，来达到净值为零的碳排放量。

06 能源革命（Energy Revolution）

能源革命是指推动人类文明进步的根本性新能源变革，具体表现为资源形态、技术手段、管理体制、人类认知等方面出现一系列显著的变化。

07 能源转型（Energy Transformation）

能源转型概括为两个层次的内容：一是主导能源的转换，即一种能源取代了另外一种能源的主导地位，从而导致能源结构的调整；二是能源系统的转变，即将自然界的能源资源转变为人类社会生产和生活所需要的特定能量服务形式（有效能）的体系。

08 碳循环（Carbon Cycle）

碳循环是指碳元素在地球上的生物圈、岩石圈、水圈及大气圈中交换，并随地球的运动循环不止的现象。

09 温室效应（Greenhouse Effect）

温室效应是指透射阳光的密闭空间由于与外界缺乏热对流而形成的保温效应，即太阳短波辐射可以透过大气射入地面，而地面增暖后放出的长波辐射却被大气中的二氧化碳等物质所吸收，从而产生大气变暖的效应。

10 生态系统（Ecosystem）

生态系统是指在自然界的一定的空间内，生物与环境构成的统一整体，在这个统一整体中，生物与环境之间相互影响、相互制约，并在一定时期内处于相对稳定的动态平衡状态。

11 气候变化（Climate Change）

气候变化是指气候平均状态随时间的变化，即气候平均状态和离差（距平）两者中的一个或两个一起出现了统计意义上的显著变化。

12 气候变暖（Global Warming）

全球气候变暖是一种和自然有关的现象，是由于温室效应不断积累，导致地气系统吸收与发射的能量不平衡，能量不断在地气系统累积，从而导致温度上升，造成全球气候变暖。

13 极端天气（Extreme Weather）

极端天气是指在特定时间、特定地点发生的超越常态的小概率气候现象。

14 政府间气候变化专门委员会（Intergovernmental Panel on Climate Change）

政府间气候变化专门委员会（IPCC）是牵头评估气候变化的国际组织。它是由联合国环境规划署和世界气象组织于 1988 年建立的，旨在向世界提供一个清晰的有关对当前气候变化及其潜在环境和社会经济影响认知状况的科学观点。

15 《京都议定书》（Kyoto Protocol）

《京都议定书》诞生于 1997 年 12 月，由 149 个国家和地区代表在日本东京召开的《联合国气候变化框架公约》缔约方第三次会议上制定。其目标是“将大气中的温室气体含量稳定在一个适当的水平，进而防止剧烈的气候改变对人类造成伤害”。

16 《巴黎协定》（The Paris Agreement）

《巴黎协定》是由全世界 178 个缔约方共同签署的气候变化协定，是对 2020 年后全球应对气候变化的行动做出的统一安排。《巴黎协定》的主要目标是将 21 世纪全球平均气温上升幅度控制在 2℃以内，并将全球气温上升控制在前工业化时期水平之上 1.5℃以内。

17 国家自主贡献（Nationally Determined Contributions）

国家自主贡献是各国根据自身情况确定的应对气候变化的行动目标，是《巴黎协定》的重要组成部分。

18 第 26 届联合国气候变化大会（COP26）

2021 年 5 月 28 日，联合国气候变化框架公约秘书处宣布，COP26 定于 2021 年 11 月 1 日至 12 日在英国格拉斯哥举行。COP26 是《巴黎协定》进入实施阶段后召开的首次缔约方大会，国际社会期待各方尤其是发达国家能够真正落实减排承诺，共同行动以有效应对气候变化带来的危机和挑战。

19 格拉斯哥气候公约（Glasgow Climate Pact）

2021 年 11 月 13 日,《联合国气候变化框架公约》第 26 次缔约方大会晚圆满落幕，领导人们签署了《格拉斯哥气候公约》。该公约要求各国加紧努力，逐步减少有增无减的煤电，也就是不使用技术控制二氧化碳排放的发电厂，还呼吁结束低效的化石燃料补贴。

20 第 27 届联合国气候变化大会（COP27）

联合国于 2022 年 11 月 6 日至 18 日召开《联合国气候变化框架公约》第 27 缔约方大会（简称第 27 届联合国气候变化大会）。本届联合国气候变化大会将基于第 26 届会议成果，就一系列关键问题采取行动，以应对气候紧急情况，包括紧急减少温室气体排放、建设复原力、适应气候变化不可避免的影响、兑现为发展中国家气候行动提供资金的承诺等。

21 碳减排（Carbon Emission Reduction）

碳减排是指减少人们在生活、生产等活动中向环境所释放出来的二氧化碳。

22 资源禀赋（Resource Endowment）

资源禀赋又称为要素禀赋，指一国拥有的各种生产要素，包括劳动力、资本、土地、技术、管理等的方面。

23 联合国气候变化框架公约（UNFCCC）

联合国气候变化框架公约，是指联合国大会于 1992 年 5 月 9 日通过的一项公约。同年6月在巴西里约热内卢召开的由世界各国政府首脑参加的联合国环境与发展会议期间开放签署。1994年3月21日，该公约生效。地球峰会上由150多个国家以及欧洲经济共同体共同签署。公约由序言及26条正文组成，具有法律约束力，终极目标是将大气温室气体浓度维持在一个稳定的水平，在该水平上人类活动对气候系统的危险干扰不会发生。

24 温升目标（Global Temperature Goal）

《巴黎协定》将努力控制全球温升到2100年不超过工业化前的1.5℃确定为全球温控目标之一。继2℃目标后，1.5℃也被作为应对气候变化的全球温控目标之一。

25 低碳绿色（Low-Carbon Life）

指生活作息时所耗用的能量要尽力减少，从而减低含碳物质的燃烧，特别是减少二氧化碳的排放量，从而减少对大气的污染，减缓生态恶化，减缓温室效应。

26 《关于完整准确全面贯彻新发展理念做好碳达峰碳中和工作的意见》

2021年10月24日，中共中央、国务院发布《关于完整准确全面贯彻新发展理念做好碳达峰碳中和工作的意见》（以下简称《意见》）。《意见》指出，实现碳达峰、碳中和，是以习近平同志为核心的党中央统筹国内国际两个大局作出的重大战略决策，是着力解决资源环境约束突出问题、实现中华民族永续发展的必然选择，是构建人类命运共同体的庄严承诺。

27 《2030 年前碳达峰行动方案》

2021 年 10 月 26 日，国务院发布《2030 年前碳达峰行动方案》(以下简称《方案》)。《方案》强调，要坚持“总体部署、分类施策，系统推进、重点突破，双轮驱动、两手发力，稳妥有序、安全降碳”的工作原则，强化顶层设计和各方统筹，加强政策的系统性、协同性，更好发挥政府作用，充分发挥市场机制作用，坚持先立后破，以保障国家能源安全和经济发展为底线，推动能源低碳转型平稳过渡，稳妥有序、循序渐进推进碳达峰行动，确保安全降碳。

28 能耗双控（Dual Control of Total Energy Consumption and Energy Intensity）

能耗双控指能源消费总量和能耗强度的控制。

29 碳排放双控（Dual Control of Carbon Emission and Carbon Intensity）

碳排放双控指碳强度和碳排放总量的控制。

30 科技创新（Technological Innovation）

科技创新是指原创性科学研究和技术创新的总称，是指创造和应用新知识和新技术、新工艺，采用新的生产方式和经营管理模式，开发新产品，提高产品质量，提供新服务的过程。

31 高质量发展（High-Quality Development）

高质量发展就是能够满足人民日益增长的美好生活需要的发展，是体现新发展理念的发展，是经济、政治、文化、社会、生态的全面发展。

32 碳源（Carbon Source）

碳源的定义有两种说法，一种是指用于构成微生物细胞和代谢产物中碳素来源的营养物质。微生物细胞中碳素含量约占干物质的50%。另一种说法是指产生二氧化碳之源，是自然界中向大气释放碳的母体。它既来自自然界，也来自人类生产和生活过程。自然界中主要的碳源是土壤、岩石、海洋与生物体。

33 勘探开发（Exploration and Development）

勘探开发是指从勘探发现工业油气流以后对油藏按照开发程序进行开发的过程。

34 仓储物流（Warehousing Logistics）

仓储物流指利用自建或租赁的库房、场地，储存、保管、装卸搬运、配送货物。

35 加油站（Gas Station）

加油站是指为汽车和其他机动车辆服务的、零售汽油和机油的补充站，一般为添加燃料油、润滑油等。

36 碳抵消（Carbon offset）

碳抵消是用购买“碳信用额度”的方法来抵消每个人在日常生活中生产的温室气体。

37 碳汇（Carbon Sink）

碳汇是指通过植树造林、植被恢复等措施，吸收大气中的二氧化碳，从而减少温室气体在大气中浓度的过程、活动或机制。

38 碳中和加油站（Carbon Neutral Gas Station）

碳中和加油站是中国油企在成品油终端环节进行节能减排的新尝试。这一尝试主要集中通过发电来抵消自身的碳排放，其油站内的服务形式，或仍是以化石能源为主。

39 脱碳（Decarbonization）

脱碳是指钢的含碳量减少的现象。钢的加热温度过高或在高温下停留时间过长时易发生脱碳，有时还伴有严重的表面氧化。

40 森林碳汇（Forest Carbon Sink）

森林碳汇是指森林植物吸收大气中的二氧化碳并将其固定在植被或土壤中，从而减少该气体在大气中的浓度。

41 林业碳汇（Forestry Carbon Sink）

林业碳汇是指通过市场化手段参与林业资源交易，从而产生额外的经济价值，包括森林经营性碳汇和造林碳汇两个方面。

42 耕地碳汇（Cultivated Land Carbon Sink）

耕地碳汇又称农田生态系统碳汇，是指作物在生长过程中通过光合作用吸收大气中二氧化碳并将其以有机质形式存储在土壤碳库中，从而降低大气中二氧化碳的浓度。

43 海洋碳汇（Ocean Carbon Sink）

海洋碳汇又称蓝碳，是指利用海洋活动及海洋生物吸收大气中的二氧化碳，并将其固定在海洋中的过程、活动和机制。

44 湿地碳汇（Wetland Carbon Sink）

湿地碳汇是指湿地植物通过光合作用吸收大气中的二氧化碳，并将其转化为有机质，从而降低大气中二氧化碳的浓度。

45 农业碳汇（Agricultural Carbon Sink）

农业碳汇是指通过改善农业管理、改变土地利用方式、育种技术创新、植树造林等方式，吸收二氧化碳的过程、活动或机制。

46 碳捕获、利用与封存（Carbon Capture、Utilization and Storage）

碳捕获、利用与封存简称CCUS，是把生产过程中排放的二氧化碳进行捕获提纯，继而投入新的生产过程中进行循环再利用或封存的一种技术。

47 清洁能源（Clean Energy）

清洁能源，即绿色能源，是指不排放污染物、能够直接用于生产生活的能源。

48 绿色金融（Green Finance）

绿色金融是指为支持环境改善、应对气候变化和资源节约高效利用的经济活动，即对环保、节能、清洁能源、绿色交通、绿色建筑等领域的项目投融资、项目运营、风险管理等所提供的金融服务。

49 碳金融（Carbon Finance）

碳金融，运用金融资本去驱动环境权益的改良，以法律法规作支撑，利用金融手段和方式在市场化的平台上使得相关碳金融产品及其衍生品得以交易或者流通，最终实现低碳发展、绿色发展、可持续发展的目的。

50 碳排放权交易（Carbon Emission Trading）

碳排放权交易就是指通过合同的形式，一方通过出卖减排剩余额而获得经济利益；另一方则取得碳减排额，可将购得的减排额用于减缓温室效应，从而实现其减排目标的一种互易行为。

51 清洁发展机制（Clean Development Mechanism）

清洁发展机制是《京都议定书》确立的三个灵活机制之一，是国际社会未来应对全球气候变迁的最重要的弹性机制。该机制通过发达国家向发展中国家输入资金和技术与发展中国家开展项目合作来实现双重目标：帮助发达国家灵活地以成本有效的方式实现其减排承诺；帮助发展中国家实现可持续发展，并采取措施以减缓气候变化。

52 排放贸易（Emissions Trading）

排放贸易指一个发达国家，将其超额完成减排义务的指标，以贸易的方式转让给另外一个未能完成减排义务的发达国家，同时从转让方的允许排放限额上扣减相应的转让额度。

53 联合履约（Joint Performance Mechanism）

联合履约指发达国家之间通过项目级的合作实现的温室气体减排抵消额，可以转让给另一发达国家缔约方，但是同时必须在转让方的允许排放限额上扣减相应的额度。

54 碳信用（Carbon Credit）

碳信用，又称碳权，指在经过联合国或联合国认可的减排组织认证的条件下，国家或企业以增加能源使用效率、减少污染或减少开发等方式减少碳排放，因此得到可以进入碳交易市场的碳排放计量单位。

55 核证减排量（Certified Emission Reductions）

核证减排量是指从一个被批准的清洁发展机制项目中得到的，经过对1吨碳的收集、测量、认证、签发所得到的减排指标。

56 自愿减排量（Voluntary Emission Reductions）

自愿减排量是指经过联合国指定的第三方认证机构核证的温室气体减排量，是自愿减排市场交易的碳信用额。

57 国家核证自愿减排量(Chinese Certified Emission Reduction)

国家核证自愿减排量是指对我国境内可再生能源、林业碳汇、甲烷利用等项目的温室气体减排效果进行量化核证，并在国家温室气体自愿减排交易注册登记系统中登记的温室气体减排量。

58 碳交易（Carbon Trading）

碳交易就是把二氧化碳排放权作为一种商品，买方通过向卖方支付一定金额从而获得一定数量的二氧化碳排放权，从而形成了二氧化碳排放权的交易。

59 碳配额（Carbon Emission Allowance）

碳配额即碳排放配额，指的是在碳排放总量控制下，政府分配的碳排放权凭证和载体。

60 世界地球日（The World Earth Day）

世界地球日，即每年的 4 月 22 日，是一个专为世界环境保护而设立的节日，旨在提高民众对于现有环境问题的认识，并动员民众参与到环保运动中，通过绿色低碳生活，改善地球的整体环境。地球日由盖洛德·尼尔森和丹尼斯·海斯于 1970 年发起。

61 地球超载日（Earth Overshoot Day）

地球超载日又被称为“地球生态超载日”“生态越界日”或“生态负债日”，是指地球当天进入了本年度生态赤字状态，已用完了地球本年度可再生的自然资源总量。

62 世界环境日（World Environment Day）

世界环境日为每年的6月5日，反映了世界各国人民对环境问题的认识和态度，表达了人类对美好环境的向往和追求，也是联合国促进全球环境意识、提高对环境问题的注意并采取行动的主要媒介之一。

63 全国低碳日（The Low Carbon Day）

2013年6月6日，国家应对气候变化战略研究和国际合作中心召开媒体通气会，确定2013年6月17日为首个“全国低碳日”，届时将启动“低碳中国行”活动。2022年全国低碳日为6月15日。全国低碳日活动主题是“落实‘双碳’行动，共建美丽家园”。

64 国际保护臭氧层日（International Ozone Layer Protection Day）

1995年1月23日联合国大会决定，每年的9月16日为国际保护臭氧层日，要求所有缔约国按照《关于消耗臭氧层物质的蒙特利尔议定书》及其修正案的目标，采取具体行动纪念这个日子。

65 碳平衡（Carbon Balance）

碳平衡是指碳排放者对一定阶段内无法消减或消除自己产生的碳排放，通过产生或购买碳抵消额的形式，完全消除碳排放的一种环保行为。

66 “双碳”经济（“Double Carbon” Economy）

“双碳”经济是以实现国家“双碳”目标为导向，以绿色新发展理念为指导，以先进低碳技术为支撑，以产业低碳化转型与低碳产业化发展为主要内涵，带动经济社会高质量发展的新型经济形态。

67 绿色建筑（Green Architecture）

在建筑的全寿命周期内，最大限度地节约资源（节能、节地、节水、节材）、保护环境和减少污染，为人们提供健康、适用和高效的使用空间，与自然和谐共生的建筑。

68 垃圾分类（Garbage Classification）

垃圾分类一般是指按一定规定或标准将垃圾分类储存、投放和搬运，从而转变成公共资源的一系列活动的总称。

69 蚂蚁森林（Ant Forest）

蚂蚁森林是一项旨在带动公众低碳减排的公益项目，每个人的低碳行为在蚂蚁森林里可计为“绿色能量”。

70 低碳技术（Low Carbon Technology）

低碳技术是指涉及电力、交通、建筑、冶金、化工、石化等部门以及在可再生能源及新能源、煤的干净高效应用、油气资源和煤层气的勘察开发、二氧化碳捕获与埋存等领域开发的有效掌握温室气体排放的新技术。

71 减碳技术（Carbon Reduction Technology）

减碳技术是指实现生产消费使用过程的低碳，达到高效能、低排放，集中体现在节能减排技术方面。

72 无碳技术（Carbon-Free Technology）

无碳技术是指大力开发以无碳排放为根本特征的清洁能源技术。这主要包括风力发电、太阳能发电、水力发电、地热供暖与发电、生物质燃料、核能技术等，其最终理想是实现对化石能源的彻底取代。

73 负碳技术（Negative Carbon Technology）

负碳技术特指捕获、封存和积极利用排放的碳元素，即开发以降低大气中碳含量为根本特征的二氧化碳的捕集、封存及利用技术，最为理想的状况是实现碳的零排放。

74 低碳经济（Low Carbon Economy）

低碳经济是指在可持续发展理念指导下，通过技术创新、制度创新、产业转型、新能源开发等多种手段，尽可能地减少煤炭、石油等高碳能源消耗，减少温室气体排放，达到经济社会发展与生态环境保护双赢的一种经济发展形态。

75 碳足迹（Carbon Footprint）

碳足迹是指企业机构、活动、产品或个人通过交通运输、食品生产和消费以及各类生产过程等引起的温室气体排放的集合。

全球碳达峰碳中和政策汇编

附件 1：国际碳达峰碳中和政策汇编

01 埃及

（1）《2035 年综合可持续能源战略》（2020 年 1 月）。

2020 年 1 月，埃及政府发布《2035 年综合可持续能源战略》，指出埃及将生产 610 亿瓦特可再生能源，其中包括 430 亿瓦特太阳能和 180 亿瓦特风能，到 2022 年 20% 的电力供应来自可再生能源，2035 年这一比例将提高至 42%。

（2）《2050 年国家气候变化战略》（2021 年 11 月 3 日）。

2021 年 11 月 3 日，埃及环境部长发布《2050 年国家气候变化战略》，提出使国内环境治理目标与国际环境协议相匹配，实现经济可持续增长；增强适应及应对气候变化的能力；加强气候变化行动治理能力；加强科学研究与技术转让、提高公众应对气候变化的意识；最大限度地提高能源利用效率。

02 德国

《气候行动计划 2030》（2019 年 9 月 20 日）。

2019 年 9 月 20 日，德国联邦政府内阁通过了《气候行动计划 2030》，并进而于2019年11月15日在德国联邦议院通过了《德国联邦气候保护法》，通过立法确定了德国到 2030 年温室气体排放比 1990 年减少 55%，到 2050 年实现净零排放的中长期减排目标。

03 欧盟

（1）《欧洲气候中和战略愿景》（2018 年 11 月 28 日）。

2018 年 11 月 28 日，欧盟委员会通过了《欧洲气候中和战略愿景》，首次提出到 2050 年实现气候中和的战略愿景。

（2）《欧洲绿色协定》（2019 年 12 月 11 日）。

2019 年 12 月 11 日，欧盟委员会公布了应对气候变化、推动可持续发展的《欧洲绿色协定》，提出到 2050 年欧洲将实现气候中和并将该目标写入《欧洲气候法》，以确保其法律约束力；2030 年将实现其在 1990 年的基础上温室气体排放量减少 50% ~ 55% 的目标，为此，欧盟委员会将审查并重新修订《温室气体排放交易体系指令》《能源税指令》等一系列气候相关的政策法规。

（3）《欧洲气候法》（2020 年 3 月 4 日）。

2020 年 3 月 4 日，欧盟委员会公布了《欧洲气候法》，提出到 2030 年将温室气体净排放量在 1990 年水平上至少减少 55%；到 2050 年在全欧盟范围内实现碳中和，到 2050 年之后实现负排放。

（4）《欧洲氢能战略》（2020 年 7 月 8 日）。

2020 年 7 月 8 日，欧盟委员会发布《欧洲氢能战略》，提出可再生氢战略需要分步实现，2020—2024 年至少安装 60 亿瓦可再生氢电解槽，生产 100 万吨可再生氢；2025—2030 年实现氢能成为综合能源系统的固有组成，可再生氢电解槽增至 400 亿瓦特；2030—2050 年，实现可再生氢技术成熟应用，大规模使用。

（5）《欧盟能源系统一体化战略》（2020 年 7 月 8 日）。

2020 年 7 月 8 日，欧盟委员会发布《欧盟能源系统一体化战略》，提出将重点开发利用太阳能生产可再生氢关键技术，为欧盟绿色转型构建基本框架。战略包括三个宗旨：能效第一，建设“循环”能源系统；鼓励电气化使

用，以促进可再生能源利用；促进清洁燃料，包括可再生氢、可持续生物燃料等使用。

（6）《欧洲气候法案》（2021 年 6 月 28 日）。

2021 年 6 月 28 日，欧盟理事会通过欧洲首部气候法《欧洲气候法案》，从法律上要求 27 个成员国在 2030 年前将温室气体排放量在 1990 年的水平基础上削减 55%，并在 2050 年前成为净零排放经济体。

04 美国

（1）《建设现代化的、可持续的基础设施与公平清洁能源未来计划》（2020 年 7 月 23 日）。

2020 年 7 月 23 日，美国发布《建设现代化的、可持续的基础设施与公平清洁能源未来计划》，更新原始气候计划，提出到 2035 年实现电力行业零碳排放，并将投资计划增加至 2 万亿美元。

（2）《清洁能源革命与环境正义计划》（2020 年 11 月 13 日）。

2020 年 11 月 13 日，美国发布《清洁能源革命与环境正义计划》，该计划拟确保美国在 2035 年前实现无碳发电，在 2050 年之前达到碳净零排放，实现 100% 的清洁能源经济。在基础设施、电力行业、建筑、交通、清洁能源等领域提出具体计划措施，并且重视清洁能源、电池等新兴技术领域创新。

（3）《关于保护公众健康和环境以及恢复科学应对气候危机的行政命令》（2021 年 1 月 20 日）。

2021 年 1 月 20 日，美国发布《关于保护公众健康和环境以及恢复科学应对气候危机的行政命令》，提出本届联邦政府在保护健康和环境以及应对气候变化方面的政策目标：改善公众健康和保护环境；确保获得清洁的空气和水；限制接触危险化学品和杀虫剂；追究污染者的责任；减少温室气体排放；加强应对气候变化影响的能力等。

（4）《关于应对国内外气候危机的行政命令》（2021 年 1 月 27 日）。

2021 年 1 月 27 日，美国发布《关于应对国内外气候危机的行政命令》，提出在美国的外交政策和国家安全考量中将气候危机放在核心地位；在全政府范围内采取措施应对气候危机，包括利用联邦政府的购买力、不动产和资产管理，重建基础设施以实现可持续经济，推动生态保护、农业和造林，振兴能源社区，确保环境正义并刺激经济社会。

（5）《迈向2050年净零排放的长期战略》（2021年11月1日）。

2021年11月1日，美国发布《迈向2050年净零排放的长期战略》，力争在2050年实现“净零”温室气体排放的计划。提出短、中、长期不同时间段目标，2030年国家自主贡献较2005年减少50%～52%，涵盖所有行业和所有温室气体；到2035年实现100%零碳电力的目标；不迟于2050年实现整个社会经济系统的净零排放，包括国际航空、海运等。

05 印度

碳排放净零承诺（2020年11月1日）。

2020年11月1日，印度总统在《联合国气候变化框架公约》第二十六次缔约方大会上做出“到2070年，印度将实现碳排放净零目标”的承诺。到2030年，印度50%的电力将来自可再生能源，非化石燃料发电产能将从4500亿瓦提高至5000亿瓦，碳强度将降低45%。

06 英国

（1）《绿色工业革命10点计划：更好地重建、支持绿色工业并加速实现净零排放》（2020年11月18日）。

2020年11月18日，英国政府发布《绿色工业革命10点计划：更好地重建、支持绿色工业并加速实现净零排放》，该计划涵盖清洁能源、交通、自然和创新技术等领域，提出了10个走向净零排放并创造就业机会的计划要点，预计将动员约210亿英镑的政府经费推动该计划的执行。

（2）《能源白皮书：赋能净零碳排放未来》（2020年12月14日）。

2020年12月14日，英国政府正式发布《能源白皮书：赋能净零碳排

放未来》，对能源系统转型路径做出规划，提出力争在2050年能源系统实现净零碳排放目标。

（3）《碳排放交易计划》（2021年1月1日）。

2021年1月1日，英国启动了《碳排放交易计划》，为工业制造业企业规定温室气体排放总量上限，并在2023年1月或最迟到2024年1月将排放上限对标2050年净零排放目标路径。

（4）《工业脱碳战略》（2021年3月17日）。

2021年3月17日，英国商业、能源和产业战略部发布《工业脱碳战略》，计划启动1.71亿英镑9个绿色技术项目，以开展脱碳基础设施的工程和设计研究，以及9.32亿英镑的公共部门脱碳计划，资助低碳加热系统。旨在通过技术开发与部署，使至少一个英国工业集群到2030年实现大幅减排，并验证各项目所在地到2040年实现净零排放的可能性，以支持英国到2050年实现碳中和。

（5）《交通脱碳：更好、更绿色的英国》（2021年7月14日）。

2021年7月14日，英国交通部发布《交通脱碳：更好、更绿色的英国》，明确了2050年实现英国交通领域碳中和的愿景、行动和时间表，提出将在2040年前彻底禁止以汽柴油为燃料的所有新车销售，并将通过“改变公众行为习惯”实现减碳。

（6）《国家氢能战略》（2021年8月17日）。

2021年8月17日，英国商业、能源和产业战略部发布《国家氢能战略》，以英国2020年发布的《绿色工业革命10点计划》为基础，明确指出在英国蓬勃发展的低碳氢产业是政府通过更清洁、更绿色的能源系统重建更好计划的关键部分，并提出低碳氢在英国向净零转型过程中将发挥关键作用。

（7）《净零战略：更环保地重建》（2021年10月19日）。

2021年10月19日，英国政府发布《净零战略：更环保地重建》，制定了如何支持英国企业和消费者向清洁能源和绿色技术转型，通过投资英国的可持续清洁能源来降低英国对化石燃料的依赖，降低未来能源价格高企和波动风险，并加强英国能源安全。到2035年，英国将完全使用清洁电力。

（8）《能源安全战略》（2022 年 4 月 7 日）。

2022 年 4 月 7 日，英国商业、能源和产业战略部发布《英国能源安全战略》，提出英国将支持国内石油和天然气等化石燃料的生产，加快风能、太阳能、核能和氢能等可再生能源部署，提供清洁、可负担、安全稳定的长期能源供应。到 2030 年实现 95% 的电力来自低碳能源，到 2035 年实现电力系统完全脱碳。

07 日本

（1）《绿色增长战略》（2020 年 12 月 25 日）。

2020 年 10 月 25 日，日本政府发布《绿色增长战略》，提出到 2050 年实现碳中和目标，对日本海上风能、电动汽车、氢燃料等 14 个重点领域的具体计划设定目标和年限，提出财政预算、税收、金融、法规和标准化、国际合作 5 个方面的政策措施，通过技术创新和绿色投资方式确保社会平稳实现脱碳转型。

（2）《2050 碳中和绿色增长战略》（2021 年 6 月 18 日）。

2021 年 6 月 18 日，日本经济产业省将其在 2020 年 12 月 25 日发布的《绿色增长战略》更新为《2050 碳中和绿色增长战略》，指出需大力加快能源和工业部门结构转型，通过调整预算、税收优惠、建立金融体系、进行监管改革、制定标准以及参与国际合作等措施，推动企业进行大胆投资和创新研发，实现产业结构和经济社会转型。

（3）《全球气候变暖对策推进法》（2021 年 5 月 26 日）。

2021 年 5 月 26 日，日本国会参议院正式通过修订后的《全球气候变暖对策推进法》，以立法的形式明确了日本政府提出的到 2050 年实现碳中和的目标，并将于 2022 年 4 月开始实施。

08 韩国

（1）《韩国新政：国家转型战略》（2020 年 7 月 14 日）。

2020年7月14日，韩国财政部发布《韩国新政：国家转型战略》，制定了实现碳中和、经济增长、提升生活质量三大目标。新政由两大核心支柱构成，一是“数字新政”，二是大力推进绿色产业、向低碳经济转型的“绿色新政”。

（2）《2021年碳中和实施计划》（2021年3月）。

2021年3月，韩国环境部发布《2021年碳中和实施计划》，明确中央政府有关部门在2021年度应该完成的主要事项，如国土交通部要制定2050年实现车辆100%无公害化的相关计划；产业通商资源部要制定氢能经济基本规划；金融委员会要制定金融界绿色投资指南等。

（3）《碳中和与绿色发展基本法》（2022年3月25日）。

2022年3月25日，韩国政府发布《碳中和与绿色发展基本法》，在“绿色新政”作为国家战略持续推进过程中，通过法律形式确立碳中和执行体系，保障落实碳中和要求。

09 俄罗斯

《俄罗斯到2050年前实现温室气体低排放的社会经济发展战略》（2021年11月1日）。

2021年11月1日，俄罗斯总理批准了《俄罗斯到2050年前实现温室气体低排放的社会经济发展战略》，提出俄罗斯将在经济可持续增长的同时实现温室气体低排放，并计划到2060年之前实现碳中和。

10 越南

《国家绿色增长行动计划（2021—2030年）》（2022年2月14日）。

2022年2月14日，越南计划投资部制定《国家绿色增长行动计划（2021—2030年）》，7月22日审批通过《国家绿色增长行动计划（2021—2030年）》，其中包括四个重要目标：降低单位GDP温室气体排放量、促进经济社会绿色转型、提倡绿色生活方式和倡导可持续消费，同时要在平等、包容和弹性的原则基础上实现绿色转型。

11 巴西

《国家绿色增长计划》(2021 年 10 月)。

2021 年 10 月，巴西政府对外公开宣布将启动《国家绿色增长计划》，把 2030 年减少温室气体目标从 43% 提高到 50%，并承诺在 2050 年实现碳中和。同时还宣布加入《关于森林和土地利用的格拉斯哥领导人宣言》，将非法砍伐森林归零的目标达成时间从 2030 年提前到 2028 年，重新造林 1200 万公顷及将可再生能源在全国所使用能源的比例提升至 45%。

12 西班牙

(1)《国家能源与气候综合计划 2021—2030》(2018 年 2 月 22 日)。

2018 年 2 月 22 日，西班牙发布《国家能源与气候综合计划 2021—2030》，计划明确提出，到 2030 年，可再生能源在国内能源结构占比至少达到 42%，能源效率提高 39.6%，国内可再生能源电力占比达到 74%。

(2)部长会议批准一项为期十年的一揽子能源和气候政策(2019 年 2 月)。

2019 年 2 月，西班牙总统表示，西班牙的“三大支柱”气候变化法规初步草案、2021—2030 年国家能源与气候综合计划及公平过渡战略将“使西班牙在 2050 年拥有一个稳定、可预测及准确的经济脱碳框架”，并指出西班牙有可能在 2050 年成为第一个没有温室气体排放的欧盟国家。根据新的方案，到 2030 年，西班牙 74% 的电力将来自可再生能源，占总能源需求的 41%。方案还要求至 2050 年，所有电力均需来自可再生能源，而碳氢化合物的开采将会受到限制，另外，规划了一个审查化石燃料补贴及公共部门从该领域撤资的进程方案。

13 丹麦

《气候法案》(2019 年 12 月 6 日)。

2019 年 12 月 6 日，丹麦议会通过了首部《气候法案》，规定丹麦须在 2030 年实现二氧化碳（与 1990 年相比）减排 70%，2050 年实现碳中和。得益于对环境外部性政策的强调与早年海上风电的大规模部署，丹麦目前风光发电占比已超 50%。丹麦正加速能源新技术的转化与应用，其大力倡导的 P2X 将推动未来交通和工业领域的深度脱碳，而碳捕集、利用与封存则将为碳中和目标的实现提供有效保障。

附件 2：中国碳达峰碳中和重要事件及政策汇编

01 习近平主席重要讲话

（1）习近平在第七十五届联合国大会一般性辩论上发表重要讲话（2020 年 9 月 22 日）。

中国将提高国家自主贡献力度，采取更加有力的政策和措施，二氧化碳排放力争于 2030 年前达到峰值，努力争取 2060 年前实现碳中和。各国要树立创新、协调、绿色、开放、共享的新发展理念，抓住新一轮科技革命和产业变革的历史性机遇，推动疫情后世界经济“绿色复苏”，汇聚起可持续发展的强大合力。

（2）习近平在联合国生物多样性峰会上发表重要讲话（2020 年 9 月 30 日）。

中国积极参与全球环境治理，切实履行气候变化、生物多样性等环境相关条约义务，已提前完成 2020 年应对气候变化和设立自然保护区相关目标。作为世界上最大发展中国家，我们也愿承担与中国发展水平相称的国际责任，为全球环境治理贡献力量。中国将秉持人类命运共同体理念，继续作出艰苦卓绝努力，提高国家自主贡献力度，采取更加有力的政策和措施，二氧化碳排放力争于 2030 年前达到峰值，努力争取 2060 年前实现碳中和，为实现应对气候变化《巴黎协定》确定的目标做出更大努力和贡献。

（3）习近平在第三届巴黎和平论坛发表致辞（2020 年 11 月 12 日）。

绿色经济是人类发展的潮流，也是促进复苏的关键。中欧都坚持绿色发展理念，致力于落实应对气候变化《巴黎协定》。不久前，我国提出中国将提高国家自主贡献力度，力争 2030 年前二氧化碳排放达到峰值，2060 年前实现碳中和，中方将为此制定实施规划。我们愿同欧方、法方以明年分别举办生物多样性、气候变化、自然保护国际会议为契机，深化相关合作。

（4）习近平出席金砖国家领导人第十二次会晤并发表重要讲话（2020年11月17日）。

我们要坚持绿色低碳，促进人与自然和谐共生。全球变暖不会因疫情停下脚步，应对气候变化一刻也不能松懈。我们要落实好应对气候变化《巴黎协定》，恪守共同但有区别的责任原则，为发展中国家特别是小岛屿国家提供更多帮助。中国愿承担与自身发展水平相称的国际责任，继续为应对气候变化付出艰苦努力。我不久前在联合国宣布，中国将提高国家自主贡献力度，采取更有力的政策和举措，二氧化碳排放力争于2030年前达到峰值，努力争取2060年前实现碳中和。我们将说到做到！

（5）习近平在二十国集团领导人利雅得峰会上发表致辞（2020年11月22日）。

加大应对气候变化力度。二十国集团要继续发挥引领作用，在《联合国气候变化框架公约》指导下，推动应对气候变化《巴黎协定》全面有效实施。不久前，我宣布中国将提高国家自主贡献力度，力争二氧化碳排放2030年前达到峰值，2060年前实现碳中和。中国言出必行，将坚定不移加以落实。

（6）习近平在气候雄心峰会上发表重要讲话（2020年12月12日）。

中国为达成应对气候变化《巴黎协定》作出重要贡献，也是落实《巴黎协定》的积极践行者。今年9月，我宣布中国将提高国家自主贡献力度，采取更加有力的政策和措施，力争2030年前二氧化碳排放达到峰值，努力争取2060年前实现碳中和。

在此，我愿进一步宣布：到2030年，中国单位国内生产总值二氧化碳排放将比2005年下降65%以上，非化石能源占一次能源消费比重将达到25%左右，森林蓄积量将比2005年增加60亿立方米，风电、太阳能发电总装机容量将达到12亿千瓦以上。

（7）习近平出席世界经济论坛“达沃斯议程”对话会并发表特别致辞（2021年1月25日）。

中国将全面落实联合国2030年可持续发展议程。中国将加强生态文明建设，加快调整优化产业结构、能源结构，倡导绿色低碳的生产生活方式。我已经宣布，中国力争于2030年前二氧化碳排放达到峰值、2060年前实现碳中和。实现这个目标，中国需要付出极其艰巨的努力。我们认为，只要是对全人类有益的事情，中国就应该义不容辞地做，并且做好。中国正在制定行动方案并已开始采取具体措施，确保实现既定目标。中国这么做，是在用实际行动践行多边主义，为保护我们的共同家园、实现人类可持续发展作出贡献。

（8）习近平参加领导人气候峰会发表重要讲话（2021年4月22日）。

去年，我正式宣布中国将力争2030年前实现碳达峰、2060年前实现碳中和。这是中国基于推动构建人类命运共同体的责任担当和实现可持续发展的内在要求作出的重大战略决策。中国承诺实现从碳达峰到碳中和的时间，远远短于发达国家所用时间，需要中方付出艰苦努力。中国将碳达峰、碳中和纳入生态文明建设整体布局，正在制定碳达峰行动计划，广泛深入开展碳达峰行动，支持有条件的地方和重点行业、重点企业率先达峰。中国将严控煤电项目，"十四五"时期严控煤炭消费增长，"十五五"时期逐步减少。此外，中国已决定接受《〈蒙特利尔议定书〉基加利修正案》，加强氢氟碳化物等非二氧化碳温室气体管控，还将启动全国碳市场上线交易。

（9）习近平在中国共产党与世界政党领导人峰会上的主旨讲话（2021年7月6日）。

中国将为履行碳达峰、碳中和目标承诺付出极其艰巨的努力，为全球应对气候变化作出更大贡献。

（10）习近平在亚太经合组织领导人非正式会议上的讲话（2021年7月16日）。

中方高度重视应对气候变化，将力争2030年前实现碳达峰、2060年前实现碳中和。中方支持亚太经合组织开展可持续发展合作，完善环境产品降税清单，推动能源向高效、清洁、多元化发展。

（11）习近平在《生物多样性公约》第十五次缔约方大会领导人峰会上的主旨讲话（2021年10月12日）。

为推动实现碳达峰、碳中和目标，中国将陆续发布重点领域和行业碳达峰实施方案和一系列支撑保障措施，构建起碳达峰、碳中和“1+N”政策体系。中国将持续推进产业结构和能源结构调整，大力发展可再生能源，在沙漠、戈壁、荒漠地区加快规划建设大型风电光伏基地项目，第一期装机容量约1亿千瓦的项目已于近期有序开工。

（12）习近平在第二届联合国全球可持续交通大会开幕式上的主旨讲话（2021年10月14日）。

坚持生态优先，实现绿色低碳。建立绿色低碳发展的经济体系，促进经济社会发展全面绿色转型，才是实现可持续发展的长久之策。要加快形成绿色低碳交通运输方式，加强绿色基础设施建设，推广新能源、智能化、数字化、轻量化交通装备，鼓励引导绿色出行，让交通更加环保、出行更加低碳。

（13）习近平在亚太经合组织第二十八次领导人非正式会议上的讲话（2021年11月12日）。

实现包容可持续发展。要坚持人与自然和谐共生，积极应对气候变化，促进绿色低碳转型，努力构建地球生命共同体。中国将力争2030年前实现碳达峰、2060年前实现碳中和，支持发展中国家发展绿色低碳能源。中国愿同有关各国一道，推进高质量共建“一带一路”。要全面落实联合国2030年可持续发展议程，让发展成果更多更公平惠及各国人民。今年9月，我在联合国大会上提出全球发展倡议，旨在推动全球发展迈向平衡协调包容新阶段，对推动亚太地区可持续发展具有重要意义。经济技术合作是亚太经合组织重要合作领域，应该加大投入力度，确保发展中成员从中受益，为亚太地区发展繁荣持续注入新动力。

（14）习近平在2022年世界经济论坛视频会议的演讲（2022年1月17日）。

实现碳达峰碳中和是中国高质量发展的内在要求，也是中国对国际社会的庄严承诺。中国将践信守诺、坚定推进，已发布《2030年前碳达峰行动方案》，还将陆续发布能源、工业、建筑等领域具体实施方案。中国已建成全球规模最大的碳市场和清洁发电体系，可再生能源装机容量超10亿千瓦，1亿千瓦大型风电光伏基地已有序开工建设。实现碳达峰碳中和，不可能毕其功于一役。中国将破立并举、稳扎稳打，在推进新能源可靠替代过程中逐步有序减少传统能源，确保经济社会平稳发展。中国将积极开展应对气候变化国际合作，共同推进经济社会发展全面绿色转型。

02 党中央、国务院关于碳达峰碳中和政策

（1）国务院发布《关于加快建立健全绿色低碳循环发展经济体系的指导意见》（2021年2月22日）。

全方位全过程推行绿色规划、绿色设计、绿色投资、绿色建设、绿色生产、绿色流通、绿色生活、绿色消费，使发展建立在高效利用资源、严格保护生态环境、有效控制温室气体排放的基础上，统筹推进高质量发展和高水平保护，建立健全绿色低碳循环发展的经济体系，确保实现碳达峰、碳中和目标，推动我国绿色发展迈上新台阶。

（2）中共中央办公厅、国务院办公厅发布《关于深化生态保护补偿制度改革的意见》（2021年9月）。

加快建设全国用能权、碳排放权交易市场。健全以国家温室气体自愿减排交易机制为基础的碳排放权抵消机制，将具有生态、社会等多种效益的林业、可再生能源、甲烷利用等领域温室气体自愿减排项目纳入全国碳排放权交易市场。

（3）中共中央、国务院发布《国家标准化发展纲要》（2021年10月10日）。

推动标准化与科技创新互动发展、提升产业标准化水平、完善绿色发展标准化保障、加快城乡建设和社会建设标准化进程、提升标准化对外开放水平、推动标准化改革创新、夯实标准化发展基础等作出明确部署。

（4）中共中央办公厅、国务院办公厅发布《关于推动城乡建设绿色发展的意见》（2021年10月21日）。

坚持生态优先、节约优先、保护优先，坚持系统观念，统筹发展和安全，同步推进物质文明建设与生态文明建设，落实碳达峰、碳中和目标任

务，推进城市更新行动、乡村建设行动，加快转变城乡建设方式，促进经济社会发展全面绿色转型，为全面建设社会主义现代化国家奠定坚实基础。

（5）中共中央、国务院《关于完整准确全面贯彻新发展理念做好碳达峰碳中和工作的意见》（2021年10月24日）。

到2025年，绿色低碳循环发展的经济体系初步形成，重点行业能源利用效率大幅提升。到2030年，经济社会发展全面绿色转型取得显著成效，重点耗能行业能源利用效率达到国际先进水平。到2060年，绿色低碳循环发展的经济体系和清洁低碳安全高效的能源体系全面建立，能源利用效率达到国际先进水平，非化石能源消费比重达到80%以上，碳中和目标顺利实现。

（6）国务院发布《2030年前碳达峰行动方案》（2021年10月26日）。

将碳达峰贯穿于经济社会发展全过程和各方面，重点实施能源绿色低碳转型行动、节能降碳增效行动、工业领域碳达峰行动、城乡建设碳达峰行动、交通运输绿色低碳行动、循环经济助力降碳行动、绿色低碳科技创新行动、碳汇能力巩固提升行动、绿色低碳全民行动、各地区梯次有序碳达峰行动等“碳达峰十大行动”，并就开展国际合作和加强政策保障作出相应部署。

（7）国务院发布《“十四五”节能减排综合工作方案》（2022年1月24日）。

提出到2025年，全国单位国内生产总值能源消耗比2020年下降13.5%，能源消费总量得到合理控制，化学需氧量、氨氮、氮氧化物、挥发性有机物排放总量比2020年分别下降8%、8%、10%以上、10%以上。节能减排政策机制更加健全，重点行业能源利用效率和主要污染物排放控制水平基本达到国际先进水平，经济社会发展绿色转型取得显著成效。

03 各部委关于碳达峰碳中和政策

（1）科技部发布《国家高新区绿色发展专项行动实施方案》（2021年2月2日）。

提出在国家高新区内全面深入践行绿色发展理念、执行绿色政策法规标准、创新绿色发展机制，培育一批具有全国乃至全球影响力的绿色发展示范园区和一批绿色技术领先企业，在国家高新区率先实现联合国2030年可持续发展议程、工业废水近零排放、碳达峰、园区绿色发展治理能力现代化等目标，部分高新区率先实现碳中和。

（2）国家发改委、国家能源局发布《关于加快推动新型储能发展的指导意见》（2021年7月23日）。

推动锂离子电池等相对成熟新型储能技术成本持续下降和商业化规模应用，实现压缩空气、液流电池等长时储能技术进入商业化发展初期，加快飞轮储能、钠离子电池等技术开展规模化试验示范，以需求为导向，探索开展储氢、储热及其他创新储能技术的研究和示范应用。

（3）住房和城乡建设部等15部门发布《关于加强县城绿色低碳建设的意见》（2021年5月）。

强调要根据本地区县城常住人口规模、地理位置、自然条件、功能定位等因素明确适用范围。各地要根据本地实际情况提出具体措施，细化有关要求，可进一步提高标准，但不能降低底线要求。提出要选择有代表性的县城开展试点，探索可复制可推广的经验做法，及时推广好的经验模式。住房和城乡建设部将会同有关部门在乡村建设评价中对县城绿色低碳建设实施情况进行评估，针对存在的问题提出改进措施，指导各地加大工作力度，持续提升县城绿色低碳建设水平。

（4）生态环境部发布《关于加强高耗能、高排放建设项目生态环境源头防控的指导意见》（2021年5月31日）。

要求加强高耗能、高排放（以下简称“两高”）建设项目生态环境源头防控，坚决遏制“两高”项目盲目发展，推动绿色转型和高质量发展。

（5）国家发改委、国家能源局、中央网信办、工信部联合发布《能源领域5G应用实施方案》（2021年6月7日）。

依托5G网络实现电、气、冷、热多种能源灵活接入，全面整合能源控制参量、能源运行、能源使用等数据，实现智能量测、需求响应、传输网络以及服务平台管理，构建“源－网－荷－储”互动调控体系，重点开展生产控制、分布式能源管理、虚拟电厂、智能巡检与运维等典型业务场景5G深度应用，支撑构建灵活互动、开放共享的综合能源创新服务体系。

支持电力企业与基础电信企业加强对接，对具备条件的基站和机房等配套设施由转供电改为直供电，鼓励变电站微型储能站为电信企业设备供电，支持电信企业参与电力市场化交易。

（6）国家发改委发布《“十四五”循环经济发展规划》（2021年7月1日）。

《规划》指出，大力发展循环经济，推进资源节约集约利用，构建资源循环型产业体系和废旧物资循环利用体系，对保障国家资源安全，推动实现碳达峰、碳中和，促进生态文明建设具有重大意义。

（7）生态环境部发布《关于推进国家生态工业示范园区碳达峰碳中和相关工作的通知》（2021年9月1日）。

通知要求示范园区要强化碳达峰碳中和目标要求；摸清底数，开展示范园区碳排放现状调查；编制《园区碳达峰碳中和实施路径专项报告》。

（8）工信部、人民银行、银保监会、证监会发布《关于加强产融合作推动工业绿色发展的指导意见》（2021年9月3日）。

到2025年，推动工业绿色发展的产融合作机制基本成熟，符合工业特色和需求的绿色金融标准体系更加完善，工业企业绿色信息披露机制更加健全，产融合作平台服务进一步优化，支持工业绿色发展的金融产品和服务更加丰富，各类要素资源向绿色低碳领域不断聚集，力争金融重点支持的工业企业成为碳减排标杆，有力支撑实现碳达峰、碳中和目标，保障产业与金融共享绿色发展成果、人民共享工业文明与生态文明和谐共生的美好生活。

（9）国家发改委发布《完善能源消费强度和总量双控制度方案》（2021年9月11日）。

指出要强化和完善能耗双控制度，深化能源生产和消费革命，推进能源总量管理、科学配置、全面节约，推动能源清洁低碳安全高效利用，倒逼产业结构、能源结构调整，助力实现碳达峰、碳中和的目标，促进经济社会发展全面绿色转型和生态文明建设实现新进步。

（10）国家发改委等部门发布《关于严格能效约束推动重点领域节能降碳的若干意见》（2021 年 10 月 18 日）。

明确了通过能效约束，推动钢铁、电解铝、水泥、平板玻璃、炼油、乙烯、合成氨、电石等重点行业节能降碳和绿色低碳转型的总体要求、主要目标、重点任务和保障措施。

（11）国家发改委、国家能源局发布《关于开展全国煤电机组改造升级的通知》（2021 年 11 月 3 日）。

明确了煤电机组改造升级的指导思想、基本原则和主要目标，从节能提效改造、供热改造、灵活性改造、淘汰关停低参数小火电、规范自备电厂运行、优化机组运行管理、严格新建机组准入等方面提出了实施路径，并提出从加强技术攻关、加大财政金融支持、健全市场机制等方面加大政策支持。

（12）国资委发布《关于推进中央企业高质量发展做好碳达峰碳中和工作的指导意见》（2021 年 12 月）。

提出了中央企业碳达峰、碳中和的明确目标：到 2025 年，中央企业产业结构和能源结构调整优化取得明显进展，重点行业能源利用效率大幅提升，新型电力系统加快构建，绿色低碳技术研发和推广应用取得积极进展；中央企业万元产值综合能耗下降 15%，万元产值二氧化碳排放比 2020 年下降 18%，可再生能源发电装机比重达到 50% 以上，战略性新兴产业营收比重不低于 30%，为实现碳达峰奠定坚实基础。到 2030 年，中央企业全面绿色低碳转型取得显著成效，产业结构和能源结构调整取得重大进展，重点行业企业能源利用效率接近世界一流企业先进水平，绿色低碳技术取得重大突破，绿色低碳产业规模与比重明显提升，中央企业万元产值综合能耗大幅下降，万元产值二氧化碳排放比 2005 年下降 65% 以上，中央企业二氧化碳排放量整体达到峰值并实现稳中有降，有条件的中央企业力争碳排放率先达峰。到 2060 年，中央企业绿色低碳循环发展的产业体系和清洁低碳安全高效的能源体系全面建立，能源利用效率达到世界一流企业先进水平，形成绿色低碳核心竞争优势，为国家顺利实现碳中和目标作出积极贡献。

（13）国家能源局等联合发布《加快农村能源转型发展助力乡村振兴的实施意见》（2021 年 12 月 29 日）。

提出到 2025 年，建成一批农村能源绿色低碳试点，风电、太阳能、生物质能、地热能等占农村能源的比重持续提升，农村电网保障能力进一步增强，分布式可再生能源发展壮大，绿色低碳新模式新业态得到广泛应用，新能源产业成为农村经济的重要补充和农民增收的重要渠道。

（14）工信部、住房和城乡建设部、交通运输部、农业农村部、国家能源局发布《智能光伏产业创新发展行动计划（2021—2025 年）》（2022 年 1 月 4 日）。

计划明确了六项主要任务，分别是提升行业发展水平、支撑新型电力系统、助力各领域碳达峰碳中和、优化产业发展环境、建设公共服务平台、强化光伏人才培育。

（15）国家发改委等部门发布《促进绿色消费实施方案》（2022 年 1 月 18 日）。

促进绿色消费是消费领域的一场深刻变革，必须在消费各领域全周期全链条全体系深度融入绿色理念，全面促进消费绿色低碳转型升级，这对贯彻新发展理念、构建新发展格局、推动高质量发展、实现碳达峰碳中和目标具有重要作用，意义十分重大。

（16）国家发改委、能源局发布《关于加快建设全国统一电力市场体系的指导意见》（2022 年 1 月 28 日）。

总体目标：到 2025 年，全国统一电力市场体系初步建成，国家市场与省（区、市）/ 区域市场协同运行，电力中长期、现货、辅助服务市场一体化设计、联合运营，跨省跨区资源市场化配置和绿色电力交易规模显著提高，有利于新能源、储能等发展的市场交易和价格机制初步形成。

（17）工信部、国家发改委、生态环境部发布《关于促进钢铁工业高质量发展的指导意见》（2022 年 2 月 7 日）。

力争到 2025 年，钢铁工业基本形成布局结构合理、资源供应稳定、技术装备先进、质量品牌突出、智能化水平高、全球竞争力强、绿色低碳可持续的高质量发展格局。

（18）国家发改委、能源局发布《关于完善能源绿色低碳转型体制机制和政策措施的意见》（2022 年 1 月 30 日）。

“十四五”时期，基本建立推进能源绿色低碳发展的制度框架，形成比较完善的政策、标准、市场和监管体系，构建以能耗“双控”和非化石能源目标制度为引领的能源绿色低碳转型推进机制。

（19）国家发改委发布《高耗能行业重点领域节能降碳改造升级实施指南（2022 年版）》（2022 年 2 月 3 日）。

对于能效在标杆水平特别是基准水平以下的企业，积极推广本实施指南、绿色技术推广目录、工业节能技术推荐目录、“能效之星”装备产品目录等提出的先进技术装备，加强能量系统优化、余热余压利用、污染物减排、固体废物综合利用和公辅设施改造，提高生产工艺和技术装备绿色化水平，提升资源能源利用效率，促进形成强大国内市场。

（20）国家发改委发布《关于推进共建“一带一路”绿色发展的意见》（2022 年 3 月 28 日）。

到 2025 年，共建“一带一路”生态环保与气候变化国际交流合作不断深化，绿色丝绸之路理念得到各方认可，绿色基建、绿色能源、绿色交通、绿色金融等领域务实合作扎实推进，绿色示范项目引领作用更加明显，境外项目环境风险防范能力显著提升，共建“一带一路”绿色发展取得明显成效。

（21）工信部、国家发改委、科技部、生态环境部、应急部、能源局联合发布《关于“十四五”推动石化化工行业高质量发展的指导意见》（2022 年 4 月 7 日）。

围绕主要目标，聚焦创新发展、产业结构、产业布局、数字化转型、绿色低碳、安全发展等 6 个重点难点，凝练出 6 大重点任务。

（22）交通运输部发布《关于扎实推动“十四五”规划交通运输重大工程项目实施的工作方案》（2022 年 5 月 20 日）。

根据“十四五”交通运输系列规划确定的发展目标和重点任务，按照意义重大、影响深远、效益突出、技术领先、示范带动的遴选原则，提出“十四五”时期重点推进的 11 项交通运输重大工程项目包。“十四五”规划

《纲要》102项重大工程项目中，由我部牵头落实的交通运输项目均纳入各项工程包予以统筹推进。

（23）工信部、国家发改委发布《关于化纤工业高质量发展的指导意见》（2022年4月21日）。

突破循环利用技术。开展废旧纺织品成分识别及分离研究，提升丙纶、高性能纤维回收利用关键技术，突破涤纶、锦纶化学法再生技术，腈纶、氨纶再生技术，棉/再生纤维素纤维废旧纺织品回收和绿色制浆产业化技术。

（24）国家发改委、能源局发布《关于进一步推动新型储能参与电力市场和调度运用的通知》（2022年6月7日）。

要建立完善适应储能参与的市场机制，鼓励新型储能自主选择参与电力市场，坚持以市场化方式形成价格，持续完善调度运行机制，发挥储能技术优势，提升储能总体利用水平，保障储能合理收益，促进行业健康发展。

（25）财政部发布《财政支持做好碳达峰碳中和工作的意见》（2022年5月30日）。

围绕如期实现碳达峰碳中和目标，加强财政支持政策与国家“十四五”规划纲要衔接，抓住“十四五”碳达峰工作的关键期、窗口期，落实积极的财政政策要提升效能，更加注重精准、可持续的要求，合理规划财政支持碳达峰碳中和政策体系。

（26）工信部、人力资源社会保障部、生态环境部、商务部、市场监管总局联合发布《关于推动轻工业高质量发展的指导意见》（2022年6月17日）。

强化科技创新战略支撑，构建高质量的供给体系，提升产业链现代化水平，深入推进绿色低碳转型和优化协调发展的产业生态。

（27）生态环境部等七部门联合发布《减污降碳协同增效实施方案》（2022年6月13日）。

加强源头防控，强化生态环境分区管控，加强生态环境准入管理，推动能源绿色低碳转型，加快形成绿色生活方式。突出重点领域，推进工业领域协同增效，推进交通运输协同增效，推进城乡建设协同增效，推进农业领域协同增效，推进生态建设协同增效。优化环境治理，开展模式创新，强化支撑保障，加强组织实施。

（28）农业农村部、国家发改委发布《农业农村减排固碳实施方案》（2022年6月30日）。

重点任务：种植业节能减排，畜牧业减排降碳，渔业减排增汇，农田固碳扩容，农机节能减排和可再生能源替代。重大行动：稻田甲烷减排行动，化肥减量增效行动，畜禽低碳减排行动，渔业减排增汇行动，农机绿色节能行动，农田碳汇提升行动，秸秆综合利用行动，可再生能源替代行动，科技创新支撑行动和监测体系建设行动。

（29）住房和城乡建设部、国家发改委发布《城乡建设领域碳达峰实施方案》（2022年6月30日）。

推动智能微电网、“光储直柔”、蓄冷蓄热、负荷灵活调节、虚拟电厂等技术应用，优先消纳可再生能源电力，主动参与电力需求侧响应。探索建筑用电设备智能群控技术，在满足用电需求前提下，合理调配用电负荷，实现电力少增容、不增容。根据既有能源基础设施和经济承受能力，因地制宜探索氢燃料电池分布式热电联供。

（30）科技部等九部门发布《科技支撑碳达峰碳中和实施方案（2022—2030年）》（2022年8月18日）。

统筹提出支撑2030年前实现碳达峰目标的科技创新行动和保障举措，并为2060年前实现碳中和目标做好技术研发储备。

附件 3：油气管网公司碳达峰碳中和行动方案汇编

01 中国石油化工集团有限公司（以下简称中国石化）

（1）《2020 年度社会责任报告》（2021 年 4 月）。

2021 年 4 月，中国石化发布《2020 年度社会责任报告》。报告指出，持续推进“能效提升”计划，2020 年累计实现节能 548 万吨标准煤，减少温室气体排放 1348 万吨；加快推进二氧化碳尾气回收利用、二氧化碳驱油矿场实验和甲烷放空气回收等，切实减少温室气体排放；持续参与碳交易，试点企业碳累计交易量 1752 万吨、交易额 4.42 亿元；启动碳达峰碳中和战略路径课题研究，坚定不移向“净零”目标迈进。

（2）《2021 年度社会责任报告》（2022 年 4 月）。

2022 年 4 月，中国石化发布《2021 年度社会责任报告》。报告指出，积极践行绿色发展理念，创建绿色企业，服务“双碳”目标实现。扎实推进化石能源洁净化、洁净能源规模化、生产过程低碳化，坚定不移迈向净零排放，助力碳达峰碳中和目标实现；继续实施“能效提升”计划，2021 年实现节能 96.7 万标准煤，减少二氧化碳排放 238 万吨；齐鲁石化 - 胜利油田已建成我国首个百万吨级碳捕获、利用与封存项目，投产后每年可减排二氧化碳 100 万吨；积极开展碳足迹研究，持续参与碳交易，2021 年碳交易量 970 万吨、交易额 4.14 亿元。

（3）中国石化召开 2022 年节能降碳工作（2022 年 2 月）。

2022 年 2 月，中国石化召开 2022 年节能降碳工作会议。会议指出，2021 年各单位积极践行绿色洁净发展战略，以碳达峰碳中和目标为引领，深入推进“能效提升”计划和节水减排工作方案，持续强化碳资产管理，节能降碳工作水平进一步提升。在2022年工作中，扎实有序推动节能降碳工作深入开展；制定碳达峰行动方案，严把能源和碳排放总量强度“双控”关，实施碳捕获、利用与封存示范工程；强化水资源管理；推进碳资产管理；聚焦科技创新应用；加强组织领导和队伍建设，保障节能降碳工作再立新功、再创佳绩。

（4）中国石化加快全产业链绿色转型，助力实现碳中和（2022年8月）。

2022年8月，中国石化锚定“双碳”目标，部署“碳达峰八大行动”和33项具体措施，全力削减碳排放总量，大力发展碳捕获、利用与封存业务，全力增强绿色能源供给。氢能发展方面，中国石化致力于打造中国第一氢能公司，成为全球建设和运营加氢站最多的企业；地热发展方面，累计建成地热供暖能力8000万平方米，每年减排二氧化碳352万吨；清洁电力方面，风光发电累计装机规模已突破3亿瓦特，海上风电项目正在快速推进。中国石化在绿色低碳技术、全国碳市场建设、绿色金融等方面投入大量时间资金成本，进行研究开发，希望能够实现大的突破。

02 中国石油天然气集团有限公司（以下简称中国石油）

（1）《中国石油绿色低碳发展行动计划3.0》（2022年6月）。

2022年6月，中国石油发布《中国石油绿色低碳发展行动计划3.0》。计划指出，中国石油积极致力于从油气供应商向综合能源服务商转型，按照“清洁替代、战略接替、绿色转型”三步走的总体部署，全力推动公司实现三大转变：一是油气业务实现稳油增气与新能源融合发展；二是炼化业务实现转型升级与新材料协同发展；三是绿色低碳产业成为公司高质量发展新动能，力争2025年左右实现碳达峰，2035年外供绿色零碳能源超过自身消耗的化石能源，2050年左右实现“近零”排放，为中国碳达峰碳中和及全球应对气候变化做出积极贡献。此外，进一步明确了转型路线图和工程部署，计划实施“三大行动”和“十大工程”。

（2）践行绿色低碳理念 助力美丽中国建设（2022年1月10日）。

“十三五”以来，中国石油依据制定的《低碳发展路线图》《污染治理升级方案》和《生态保护纲要》，构建生态环境保护发展“1+3”体系，超额完成环保减排目标，排放的化学需氧量、氨氮、二氧化硫、氮氧化物4项污染物大幅削减。

（3）《2021年环境、社会和治理报告》（2022年3月）。

2022年3月，中国石油发布《2021年环境、社会和治理报告》，确立了“清洁替代、战略接替、绿色转型”三步走的绿色低碳转型路径；确立了力争2025年左右实现碳达峰、2050年左右实现“近零”排放的低碳目标；加强碳排放管理和碳风险应对，健全公司碳排放管控体系，国内单位油气产量温室气体排放量实现同比下降；深度参与油气行业气候倡议组织和中国油气企业甲烷控排联盟各项工作；全面开展碳捕集与封存/碳捕集、利用与封存相关研究，推动碳捕集与封存/碳捕集、利用与封存商业化应用坚持清洁开发的环保理念，持续开展环境控制和监测项目，保护业务所在地海洋生态环境和生物多样性。

（4）《2020年环境保护公报》（2020年6月）。

2020年6月，中国石油发布《2020年环境保护公报》。公报从生态环境保护、绿色低碳发展、央企担当等方面，展示了中国石油在环境保护领域的成就和发展，是中国石油连续第22年对外发布公报。公报显示，围绕“双碳”目标，中国石油首次将绿色低碳纳入公司发展战略，明确清洁替代、战略接替和绿色转型“三步走”战略部署。

（5）《强化黄河流域生态环境保护工作方案》（2020年4月）。

2020年4月，中国石油发布《强化黄河流域生态环境保护工作方案》，部署了生态保护、清洁生产、废水、废气、固体废物、土壤和地下水污染防治、环境风险防控、环境监管8项工作任务。经过各专业公司和各企业的共同努力，多个环保项目取得重要进展，已有3家下属企业圆满完成2020年既定任务，为全面完成集团公司2020年黄河流域生态环境保护目标打下良好基础。

03 中国海洋石油集团有限公司（以下简称中国海油）

（1）《中国海油碳达峰碳中和行动方案》（2022 年 6 月）。

2022 年 6 月，中国海油正式发布《中国海油碳达峰碳中和行动方案》，将实施清洁替代、低碳跨越、绿色发展“三步走”策略。第一步为清洁替代阶段（2021—2030 年），该阶段是国家实现碳达峰的关键时期，总体特征是碳排放达峰、碳强度下降，产业结构调整取得重大进展，负碳技术获得突破。第二步为低碳跨越阶段（2031—2040 年），该阶段是公司实现低碳跨越的重要时期，总体特征是油气产业实现转型、新能源快速发展，碳排放总量有序下降，负碳技术实现商业化应用。第三步为绿色发展阶段（2041—2050 年），该阶段是公司全面建成中国特色国际一流能源公司的重要时期，总体特征是推进碳排放总量持续下降并实现净零排放，基本构建多元化低碳能源供给体系、智慧高效能源服务体系以及规模化发展的碳封存和碳循环利用体系。

（2）《绿色发展行动计划》（2019 年 6 月）。

2019 年 6 月，中国海油首次发布了《绿色发展行动计划》，推进实施绿色油田、清洁能源和绿色低碳三方面的具体行动计划，其中包括大力发展海上风电产业开发等新能源新业务。计划明确提出大力推进海上风电产业开发，积极探索天然气水合物商业化开发，拓展能源业务新领域。同时，持续关注氢能和海洋能等技术的发展动态和产业化进程，积极开展专项研发工作，推动清洁能源技术的发展。此外，发展以天然气和液化天然气分布式利用为主的冷、热、电联供能源服务业务，提供高效用能解决方案，创新能源供应新模式。

04 国家石油天然气管网集团有限公司（以下简称国家管网）

《2021 年度社会责任报告》（2022 年 8 月）。

2022 年 8 月，国家管网发布《2021 年度社会责任报告》，提出行稳致

远，全面厚植安全绿色发展底色。坚持生态环境保护优先理念，不断夯实环境管理基础，提升环境管理水平，积极落实碳排放“双控”，采取多元措施保护生物多样性，实现项目建设运营与生态环境的和谐共生。

05 中国中化集团有限公司（以下简称中化集团）

（1）《2019 年可持续发展报告》（2019 年 10 月）。

2019 年 10 月，中化集团发布《2019 年可持续发展报告》。报告指出，中化集团秉持“科学至上，知行合一”的核心理念，坚持将可持续发展工作融入企业经营发展，将五大板块业务特点与利益相关方诉求相结合，开展“六大”责任实践，逐步探索形成具有中化特色的可持续发展模型。

（2）《中国石油和化学工业碳达峰与碳中和宣言》（2021 年 1 月）。

2021 年 1 月，中化集团发布《中国石油和化学工业碳达峰与碳中和宣言》，中化集团做出以下承诺：一是推进能源结构清洁低碳化，实现从传统油气能源向洁净综合能源的融合发展；二是大力提高能效，加强全过程节能管理，全面提高综合利用效率，有效控制化石能源消耗总量；三是积极开发优质耐用可循环的绿色石化产品，带动上下游产业链碳减排；四是加快部署二氧化碳捕集、驱油和封存项目，二氧化碳用作原料生产化工产品项目，积极开发碳汇项目，发挥生态补偿机制作用；五是加大科技研发力度，着力突破一批核心和关键技术，提高绿色低碳标准；六是大幅增加绿色低碳投资强度，加强碳资产管理，积极参与碳排放权交易市场建设，主动参与和引领行业应对气候变化国际合作。

06 陕西延长石油（集团）有限责任公司（以下简称陕西延长）

《2020 年社会责任报告》（2021 年 4 月 30 日）。

2021 年 4 月 30 日，陕西延长发布《2020 年社会责任报告》，推进绿色生产方式，严格控制生产能耗，持续提升节能管理水平。“十三五”期间，公司共安排节能减排技改专项资金 30 多亿元，主要从炼厂锅炉脱硫脱硝除尘改造、燃煤锅炉清洁能源改造和拆除等实施节能技改。利用上下游产业特色，积极布局循环经济产业链条，打造绿色高效开发油气田、节能低碳工厂。将二氧化碳变废为宝，将废水经过处理实现循环利用，清洁油品和燃气供应千家万户，新型煤化工技术有望实现资源利用效率的大幅提升和对环境影响的不断减小，探索可持续发展和环境之间更好的平衡点。

附件 4: 国际油气公司碳达峰碳中和战略

在各大石油公司 2020 年发布的可持续发展报告和碳中和相关报告中，壳牌等 6 家公司提出的碳中和战略路径，都包括了有关碳排放量的控制目标。壳牌、bp、道达尔、雷普索尔提出到 2050 年前实现公司业务净零碳排放；艾奎诺和埃尼将公司业务净零碳排放目标的完成时间分别提前到 2030 年和 2040 年，并提出到 2050 年实现全生命周期净零碳排放。

表 1　国际石油公司碳中和路线图

	2025 年	2030 年	2040 年	2050 年
壳牌	甲烷排放强度降至 0.2%	•净碳足迹比 2016 年降低 20% 左右 •消除正常工况火炬		•公司业务净零排放 •净碳足迹比 2016 年降低 50% 左右
bp	全球业务碳排放净零增长	消除正常工况火炬		•全球业务净零排放 •bp 销售产品的碳排放强度比 2015 年降低 50%
道达尔	甲烷排放强度降至 0.2%	•全球业务全生命周期平均碳排放强度比 2015 年降低 15% •消除正常工况火炬	全球业务全生命周期平均碳排放强度比 2015 年降低 35%	•全球业务净零排放 •欧洲业务全生命周期净零排放 •全球业务全生命周期平均碳排放强度比 2015 年降低 60% 以上
埃尼	消除正常工况火炬	•全生命周期净排放量比 2018 年降低 25% •净碳排强度比 2018 年降低 15%	•全球业务净零排放 •全生命周期净排放量比 2018 年降低 65% •净碳排强度比 2018 年降低 40%	•全生命周期净排放量比 2018 年降低 80% •净碳排强度比 2018 年降低 55%

续表

	2025年	2030年	2040年	2050年
艾奎诺	上游碳排放强度低于8千克二氧化碳/桶油当量	•全球业务碳中和 •挪威业务温室气体排放比2005年降低40% •消除正常工况火炬 •甲烷排放强度接近零	挪威业务温室气体排放比2005年降低70%	•全生命周期净零排放 •净碳排放强度降低100% •全球海上碳排放比2008年降低50%
雷普索尔	•碳排强度比2016年降低12% •正常工况火炬比2018年降低50%	•碳排强度比2016年降低25% •基本消除正常工况火炬	净碳排强度比2016年降低40%	公司业务净零排放

参考文献

[1] 中国气象局气候变化中心．中国气候变化蓝皮书 2021[M]. 北京：科学出版社，2022：1-5.

[2] 张珉．“双碳”战略的意义与机遇 [J]. 企业观察家，2021（6）：40-41.

[3] 王永中．碳达峰、碳中和目标与中国的新能源革命 [J]. 社会科学文摘，2022(1)：5-7.

[4] 中国大百科全书总委员会《环境科学》委员会．中国大百科全书，环境科学 [M]. 中国大百科全书出版社，2002.

[5] 许昌文，黄玉琳．“全球气候变化”教学设计 [J]. 中学地理教学参考，2016（19）：3.

[6] 骆仲泱，方梦祥，李明远，等．二氧化碳捕集、封存和利用技术 [M]. 中国电力出版社，2012.

[7] 陈其针，王文涛，卫新锋，等．IPCC 的成立、机制、影响及争议 [J]. 中国人口·资源与环境，2020，30（5）：1-9.

[8] 薛冰，黄裕普，姜璐，等．《巴黎协议》中国家自主贡献的内涵、机制与展望 [J]. 阅江学刊，2016，8（4）：21-26+144.

[9] 樊星，高翔．国家自主贡献更新进展、特征及其对全球气候治理的影响 [J]. 气候变化研究进展，2022，18（2）：230-239.

[10] 蒋含颖，高翔，王灿．气候变化国际合作的进展与评价 [J]. 气候变化研究进展，2022，18（5）：591-604.

[11] 张晨．国家自主贡献对全球气候治理的影响 [J]. 中国集体经济，2018（16）：61-63.

[12] 王爱松．《联合国气候变化框架公约》第 26 届缔约方大会谈判说明 [J]. 国际社会科学杂志（中文版），2022，39（2）：173-182.

[13] 苑杰．《联合国气候变化框架公约》第 26 届缔约方大会成果 [J]. 国际社会科学

杂志（中文版），2022，39（2）：159-172.

[14] 成都市发展和改革委员会 . 影响碳排放的主要因素有哪些？ [EB/OL].（2021-07-13）[2022-11-13]. http：//cddrc.chengdu.gov.cn/cdfgw/ztlm040003/2021-07/13/content_67d6486c36104c70a116d2892cecf039.shtml.

[15] 国际能源署 . 2021 年全球二氧化碳排放反弹至历史最高水平 [J]. 节能与环保，2022（3）：8.

[16] 工业和信息化部 . 对十三届全国人大二次会议第 7936 号建议的答复 [EB/OL].（2019-08-20）[2022-11-13]. https：//www.miit.gov.cn/zwgk/jytafwgk/art/2020/art_1f12456e1d61400e91cf154382bee3dc.html.

[17] 王涵宇，吴思萱，张扬清，等 . 德国推进碳中和的路径及对中国的启示 [J]. 可持续发展经济导刊，2021（3）：27-30.

[18] 花放 . 德国力促自行车交通发展 [EB/OL].（2021-06-01）[2022-11-13]. http：//world.people.com.cn/n1/2021/0601/c1002-32118663.html.

[19] 求是网 . 如何做好“双碳”工作？总书记强调 4 对关系 [EB/OL].（2022-01-25）[2022-11-13]. http：//www.qstheory.cn/zhuanqu/2022-01/25/c_1128300285.htm.

[20] 求是网 . 推进“双碳”工作，总书记提出六方面要求 [EB/OL].（2022-01-26）[2022-11-13]. http：//www.qstheory.cn/zhuanqu/2022-01/26/c_1128300298.htm.

[21] 新华社 .《中共中央 国务院关于完整准确全面贯彻新发展理念做好碳达峰碳中和工作的意见》发布 [EB/OL].（2021-10-24）[2022-11-13]. https：//news.cri.cn/20211024/8455c1c3-c84b-190e-3a0d-9878154ae9e3.html.

[22] 中国政府网 . 国务院关于印发 2030 年前碳达峰行动方案的通知 [EB/OL].（2021-10-24）[2022-11-13]. http：//www.gov.cn/zhengce/content/2021-10/26/content_5644984.htm.

[23] 湘潭市林业局 . 财政部印发《财政支持做好碳达峰碳中和工作的意见》[EB/OL].（2022-05-31）[2022-11-13]. http：//xtly.xiangtan.gov.cn/14363/14367/21075/21277/content_1029719.html.

[24] 中华人民共和国科学技术部 .《科技支撑碳达峰碳中和实施方案（2022—2030 年）》政策解读 [EB/OL].（2022-08-18）[2022-11-13]. https：//www.most.gov.cn/xxgk/xinxifenlei/fdzdgknr/fgzc/zcjd/202208/t20220817_181987.html.

[25] 国家能源局 .《科技支撑碳达峰碳中和实施方案（2022—2030 年）》印发

[EB/OL].（2022-08-19）[2022-11-13]. http：//www.nea.gov.cn/2022-08/19/c_1310654062.htm.

[26] 中国政府网 . 发展改革委就能耗总量和强度“双控”目标完成情况有关问题答 问 [EB/OL].（2017-12-18）[2022-11-13]. http：//www.gov.cn/zhengce/2017-12/18/content_5248190.htm.

[27] 中国政府网 . 国家发展改革委关于印发《完善能源消费强度和总量双控制度方案》的通知 [EB/OL].（2021-09-11）[2022-11-13]. http：//www.gov.cn/zhengce/zhengceku/2021-09/17/content_5637960.htm.

[28] 中国政府网 . 国家发展改革委等部门关于严格能效约束推动重点领域节能降碳的若干意见 [EB/OL].（2021-10-18）[2022-11-13]. http：//www.gov.cn/zhengce/zhengceku/2021-10/22/content_5644224.htm.

[29] 人民网 . 煤炭产业如何发展有利“碳达峰”“碳中和”？刘中民院士：调结构 [EB/OL].（2021-01-26）[2022-11-13]. http：//www.people.com.cn/n1/2021/0126/c32306-32012693.html.

[30] 沈达扬，陈楚宣，马绪健 . 道路交通运输行业的“双碳”行动策略与实施路径 [J]. 中国公路，2022（6）：4.

[31] 人民网 . 新奥集团副总裁刘敏：泛能网是典型的数字能源形态 [EB/OL].（2017-12-07）[2022-11-13]. http：//energy.people.com.cn/n1/2017/1207/c71661-29692758.html.

[32] 中国政府网 . 国家发展改革委、国家能源局联合印发《氢能产业发展中长期规划（2021—2035 年）》[EB/OL].（2022-03-24）[2022-11-13]. http：//www.gov.cn/xinwen/2022-03/24/content_5680973.htm.

[33] 郝宇 . 新型能源体系的重要意义和构建路径 [J]. 人民论坛，2022（21）：34-37.

[34] 中国石油新闻中心 . 构建新发展格局推动高质量发展党的二十大报告中的能源要点解读 [EB/OL].（2022-11-22）[2022-12-19]. http：//news.cnpc.com.cn/system/2022/11/22/030085746.shtml.

[35] 中国政府网 . 国家发展改革委关于印发《完善能源消费强度和总量双控制度方案》的通知 [EB/OL].（2021-09-11）[2022-12-19]. http：//www.gov.cn/zhengce/zhengceku/2021-09/17/content_5637960.htm.

[36] 李宝宇．高分辨率三维地震资料采集技术研究 [J]. 石化技术，2022，29（9）：67-69.

[37] 耿晓兵．三维地震勘探技术在解释采空区的应用分析 [J]. 中国科技信息，2022（19）：98-100.

[38] 祁鹏．井工厂双钻机平台在山区的规划布置 [J]. 施工技术，2020，49（S1）：1485-1487.

[39] 胡杨曼曼，鲍渊，田小燕．油田注水开发后期提升采油率的技术措施 [J]. 化工设计通讯，2022，48（1）：44-46.

[40] 杨振策．低渗透油田注水采油开发技术研究 [J]. 天津化工，2021，35（6）：72-75.

[41] 徐红梅，杨兴，罗丹．采油工艺技术创新研究 [J]. 石化技术，2022，29（10）：96-98.

[42] 王楚琦，薛正燕，韩宏志．油气集输系统流程设计及优化 [J]. 天津化工，2022，36（5）：103-106.

[43] 张启德．高含水期油气集输处理工艺技术研究 [J]. 石化技术，2022，29（9）：52-54.

[44] 于红岩，丁帅伟，高彦芳，等．人工智能在提高油气田勘探开发效果中的应用 [J]. 西北大学学报（自然科学版），2022，52（6）：1086-1099.

[45] 孙潇磊，张志智，尹泽群．沥青产品的碳足迹研究 [C]. 石油炼制与化工，2017，48（12）.

[46] 黄丽，简建超．炼油企业节能低碳技术的应用 [C]. 节能，2017，36（5）.

[47] 钱伯章．催化裂化减少排放的技术措施 [J]. 炼油技术与工程，2010，40（6）.

[48] 曲宏亮．脱碳型炼厂全流程碳排放分析及减排策略 [J]. 当代石油石化，2022，30（5），26-32.

[49] 梁丽珊．炼油企业节能低碳技术的应用研究 [C]. 化工管理，2019（23）：98-88.

[50] 刘业业．石油炼制工业过程碳排放核算及环境影响评价 [D]. 山东：山东大学，2020.

[51] 贾曌．中国炼油行业碳排放量及减排曲线研究 [J]. 石油炼制与化工，2022，53（5），109-114.

[52] 张学辉，郝文月，吴子明 . 催化柴油加氢转化生产高附加值油品工业应用及经济效益分析 [J]. 当代石油石化，2019，27（5），27-31.

[53] 刘天波 . 双器双塔重油 LTAG 加工工艺回炼油高附加值利用分析 [J]. 炼油技术与工程，2022，52（7），18-21.

[54] 徐春明，杨朝合 . 石油炼制工程 [M]. 北京：石油工业出版社，2009.

[55] 贾海龙，王园园 . 中型炼油厂碳排放评估与碳减排措施 [J]. 石化技术与应用，2022，40（2）.

[56] 罗重春 . 加氢裂化装置生产 5 号工业白油技术总结 [J]. 炼油技术与工程，2022，52（9），8-11.

[57] 黄丽，简建超 . 炼油企业节能低碳技术的应用 [C]. 节能，2017，36（5）.

[58] 马婧 . 我国乙烯生产企业低碳管理评价研究 [D]. 北京：北京化工大学 .

[59] 何盛宝，侯雨璇，王红秋 . 双碳目标下乙烯生产技术发展趋势 [J]. 现代化工，2022，42（8），60-64.

[60] 阮并元 . 林德和科莱恩合作开发低碳乙烯生产技术 [J]. 石油石化绿色低碳，2021，6（6），77-78.

[61] 戴伟，罗晴，王定博 . 烯烃转化生产丙烯的研究进展 [J]. 石油化工，2008，37（5），425-432.

[62] 张怀水 . 打造“油气氢电服”综合加能站，完成 5000 座加油站改造 [N]. 每日经济新闻，2022-03-14（3）.

[63] 杜廷召，刘欣，叶昆，等 . 对“双碳”目标下石油公司发展氢能的思考和建议 [J]. 国际石油经济，2022，30（2）：33-38.

[64] 黄志阳 . 加油站绿色建设和节能管理浅析 [J]. 安全、健康和环境，2021，21（7）：31-33.

[65] 王兵 . 浅谈仓储保管环节油品损耗管控 [J]. 中国高新技术企业，2014（9）：165-166.

[66] 韩东升，王珍中，党树珍，等 . 成品油在储运过程中的损耗分析及控制措施 [J]. 河南化工，2011，28（8）：57-59.

[67] 仲冰，张博，唐旭，等 . 碳中和目标下我国天然气行业甲烷排放控制及相关科学问题 [J]. 中国矿业，2021，30（4）：1-9.

[68] GAN Yu，EL-HOUIEIRI H M，BADAHDAH A，et al. Carbon footprint of

global natural gas supplies to China[J]. Nature Communications，2020，9：1-9.

[69] ZIMMERLE D J，WILAMS L L，VAUGHN T L，et al. Methane emissions from the natural gas transmission and storage system in the United States[J]. Environmental Science & Technology，2015，49（15）：9374-9383.

[70] 陈春赐，吕永龙，贺桂珍 . 中国油气系统甲烷逸散排放估算 . 环境科学，2022，43（11）：4905-4913.

[71] 何康 . 江苏石油建成销售企业首座碳中和油库 [N/OL]. 中国石化报，2022-06-09[2022-11-14]. http：//www.sinopecgroup.com.cn/group/xwzx/gsyw/20220609/news_20220609_341181671779.shtml.

[72] 贾勇 . 成品油运输过程中损耗问题的成因及防范措施 [J]. 化工设计通讯，2017，43（6）：32.

[73] 李琴，王建良，刘睿，等 . 碳中和目标下天然气产业发展的多情景构想 [J]. 天然气工业，2021，41（2）：183-192.

[74] 子涵 . 国际油气公司甲烷减排及控制目标比较 [J]. 国际石油经济，2021，29（4）：12-20.

[75] 福建省图书馆 . 决策信息：14 综述——甲烷减排：另一个必须完成的任务 [R/OL]（2021-12-31）[2022-11-14]. https：//www.fjlib.net/zt/fjstsgjcxx/zbzl/lhtk/2022_03/202112/t20211231_469060.htm.

[76] 黄维秋 . 加油站油气回收实施方案 [J]. 中外能源，2009（12）：98-103.

[77] 孙潇 . 基于计算机模拟的某加油站现有环境及能耗分析 [J]. 节能，2018，37（6）：74-79.

[78] 王春红，于声亮 . 浅谈加油站如何降低水电能耗 [J]. 全国商情，2013（12）：32-33.

[79] 黄理文 . 加气站节能降耗措施的探索 [J]. 石油库与加油站，2020，29（6）：12-15+5.

[80] 郑许斌，张英明，张伟，等 . 某 LNG 加气站 BOG 回收利用经济效益的示例分析 [J]. 内蒙古石油化工，2019，45（9）：32-35.

[81] 王付木，徐世龙，马帅杰，等 . LNG 和 L-CNG 加气站节能减排措施综述 [J]. 煤气与热力，2017，37（12）：22-29.

[82] 国家发展和改革委员会 . 国务院关于印发“十四五”节能减排综合工作方案

的通知 [EB/OL].（2022-01-27）[2022-12-20]. https：//www.ndrc.gov.cn/fggz/hjyzy/jnhnx/202201/t20220127_1313521.html?code=&state=123.

[83] 杨传堂 .“十三五”时期交通运输发展形势和基本思路 [J]. 中国水运，2016（1）：10-14.

[84] 刘志坦，叶春，王文飞 . 产业链视角下天然气发电产业发展路径 [J]. 天然气工业，2020，40（7）：129-137.

[85] 张二亮 . 森林经营管理中提高森林碳汇能力的措施 [J]. 现代农业科技，2019（9）：145+147.

[86] 中国石油石化 . 中石化开建我国首个百万吨级 CCUS 项目 [EB/OL].（2021-07-05）[2022-12-08]. http：//www.chinacpc.com.cn/info/2021-07-05/news_5404.html.

[87] 中国石油石化 . 我国首个百万吨级 CCUS 项目全面建成 [EB/OL].（2022-01-29）[2022-11-17]. http：//chinacpc.com.cn/info/2022-01-29/news_6108.html.

[88] 中华人民共和国中央人民政府 . 国家能源局举行新闻发布会 发布 2021 年可再生能源并网运行情况等并答问 [EB/OL].（2022-01-29）[2022-11-18]. http：//www.gov.cn/xinwen/2022-01/29/content_5671076.htm.

[89] 中华人民共和国中央人民政府 . 国家发展改革委 国家能源局关于印发《“十四五”现代能源体系规划》的通知 [EB/OL].（2022-01-29）[2022-11-18]. http：//www.gov.cn/zhengce/zhengceku/2022-03/23/content_5680759.htm.

[90] 崔岩，蔡炳煌，李大勇，等 . 太阳能光伏系统 MPPT 控制算法的对比研究 [J]. 太阳能学报，2006（6）：535-539.

[91] 王帅杰，郭瑞，高薇 . 我国太阳能光热发电的现状研究及投资策略 [J]. 沈阳工程学院学报（自然科学版），2012，8（1）：14-16.

[92] 梁志松，何楠，周旺，等 . 双碳目标下生物质能发展现状及应用路径研究 [J]. 科技视界，2022（18）：5-7.

[93] 洪浩 . 生物质能有望成为碳中和利器 [N]. 中国能源报，2021-06-16.

[94] 张万奎 . 地热能发电 [J]. 中国电力，1996（10）：58-60.

[95] 南海海洋资源利用国家重点实验室 . 知识科普 | 海洋能源 [EB/OL].（2021-07-23）[2022-11-18]. https：//hb.hainanu.edu.cn/nanhaihaiyang/info/1081/1603.htm.

[96] 中华人民共和国中央人民政府 . 开发海洋能源助力“双碳”目标实现 [EB/

OL].（2021-08-17）[2022-11-18]. http：//www.gov.cn/xinwen/2021-08/17/content_5631769.htm.

[97] 卢进 . 加快我国碳金融市场的发展 [J]. 中国投资（中英文），2021（ZB）：58-60.

[98] 吴嘉颖，徐闻宇 . 全球碳排放权交易市场建设步伐加快 [N]. 期货日报，2021-05-19（3）.

[99] 陈星星 . 全球碳市场最新进展及对中国的启示 [J]. 财经智库，2022，7（3）：109-122+147-148.

[100] 张叶东 .“双碳”目标背景下碳金融制度建设：现状、问题与建议 [J]. 南方金融，2021（11）：65-74.

[101] 李治国，王杰，赵园春 . 碳排放权交易的协同减排效应：内在机制与中国经验 [J]. 系统工程，2022，40（3）：1-12.

[102] 余紫莹，苗金芳 . 碳金融市场对绿色创新效率的影响研究 [J]. 江苏商论，2022（4）：96-100.

[103] 中华人民共和国中央人民政府 . 全国碳市场对中国碳达峰、碳中和的作用和意义非常重要 [EB/OL].（2021-07-14）[2022-11-17]. http：//www.gov.cn/xinwen/2021-07/14/content_5624921.htm.

[104] 潘晓滨，朱旭 . 我国碳金融立体式监管的法律制度设计——以“双碳”目标为背景 [J]. 海南金融，2022（10）：45-53.

[105] Ellen MacArthur Foundation. 2017. A New Textiles Economy：Redesigning Fashion’s Future.

[106] 郝杰 . 为行业绿色转型提供智慧支撑 中国工程院“纺织产业双碳发展战略及技术路线图”咨询项目启动 [J]. 纺织服装周刊，2022（23）：8.

[107] 邓向辉，李惠民，齐晔 . 我国衣着低碳消费的路径选择 [J]. 生态经济，2012（11）：128-132.

[108] 梁承磊，李秀荣 . 基于计划行为理论的低碳饮食行为意向影响因素研究 [J]. 经济与管理评论，2015，31（4）：28-34.

[109] 景帅 . 城市居民消费方式演变与低碳行为选择研究 [D]. 云南大学，2011.